U0144663

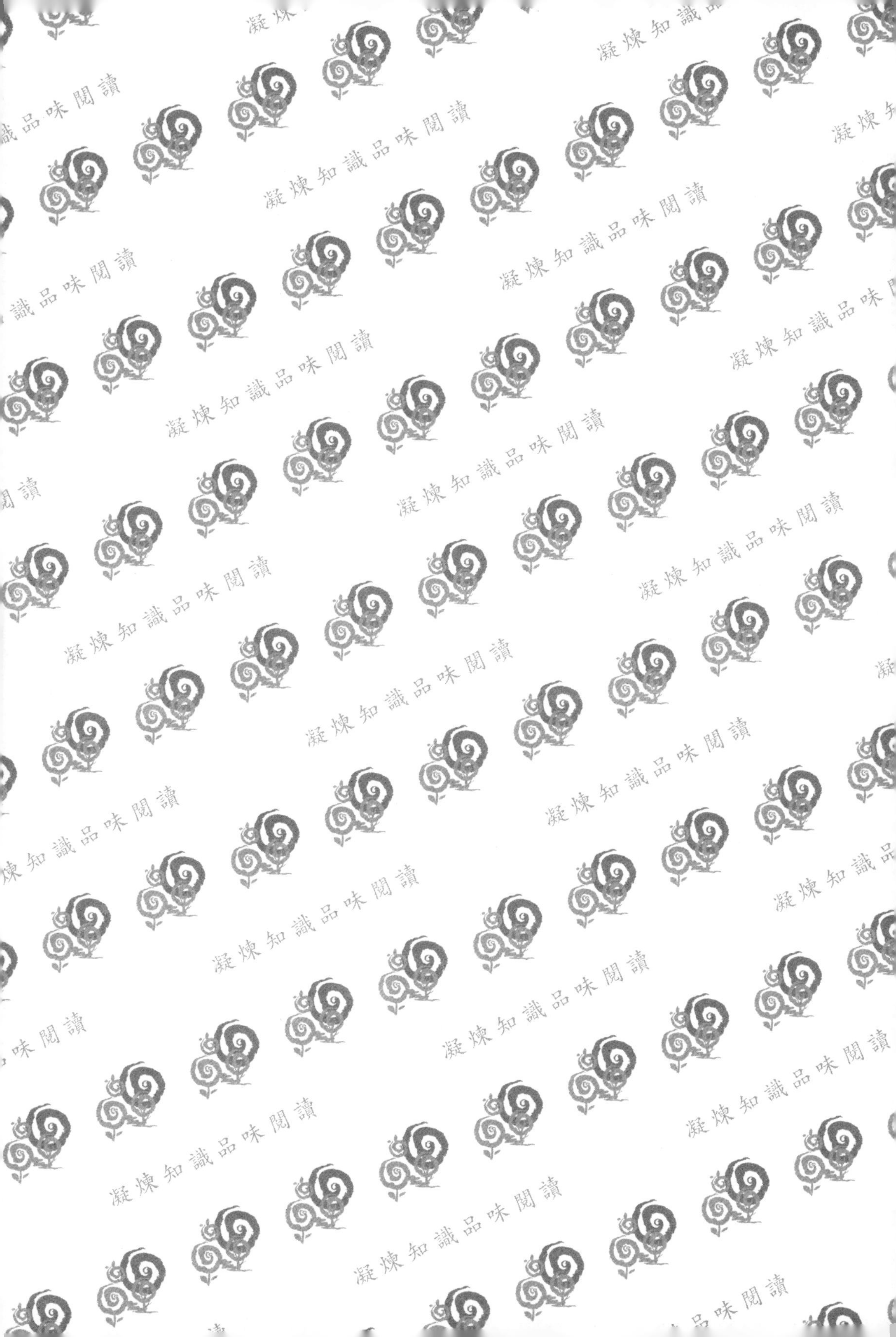

智慧型壓鑄模具生產技術

Fabrication Technology of Intelligent Die Casting Molds

莊水旺 著

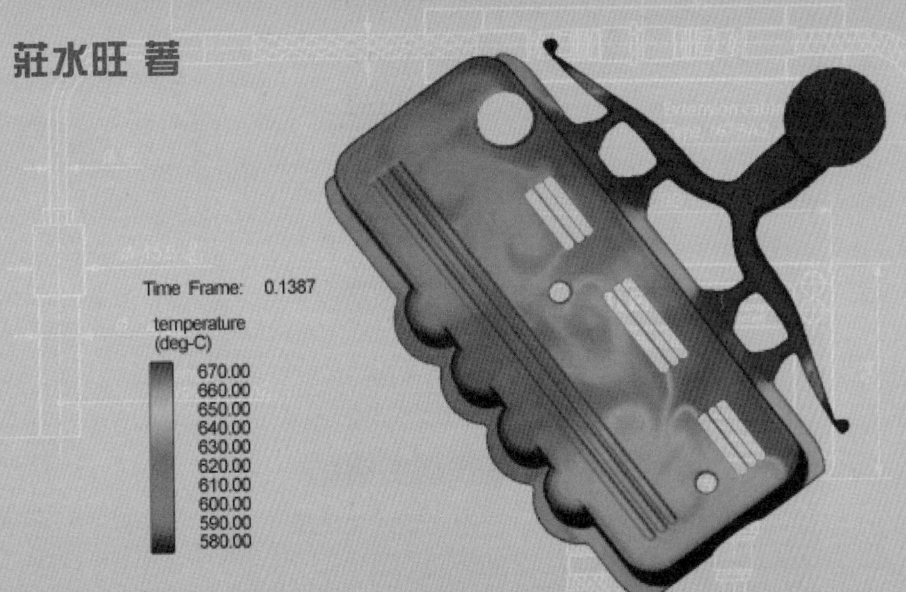

五南圖書出版公司 印行

五南出版

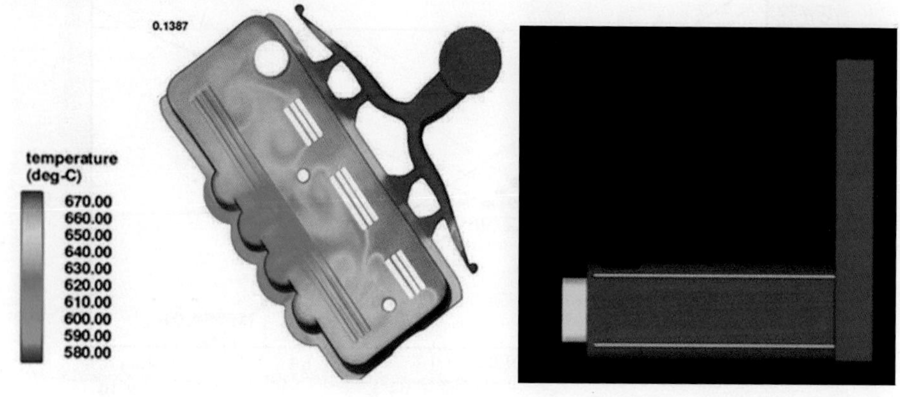

內文 P.155 圖 5.5 經後處理後的溫度分析 內文 P.156 圖 5.6 加入料管分析示意圖

內文 P.157 圖 5.7 表面缺陷分析

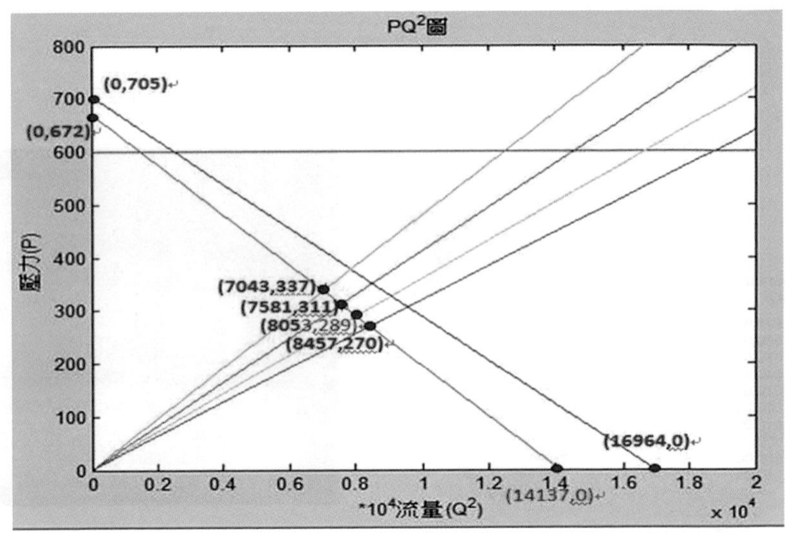

內文 P.134　圖 4.24 **PQ²** 圖

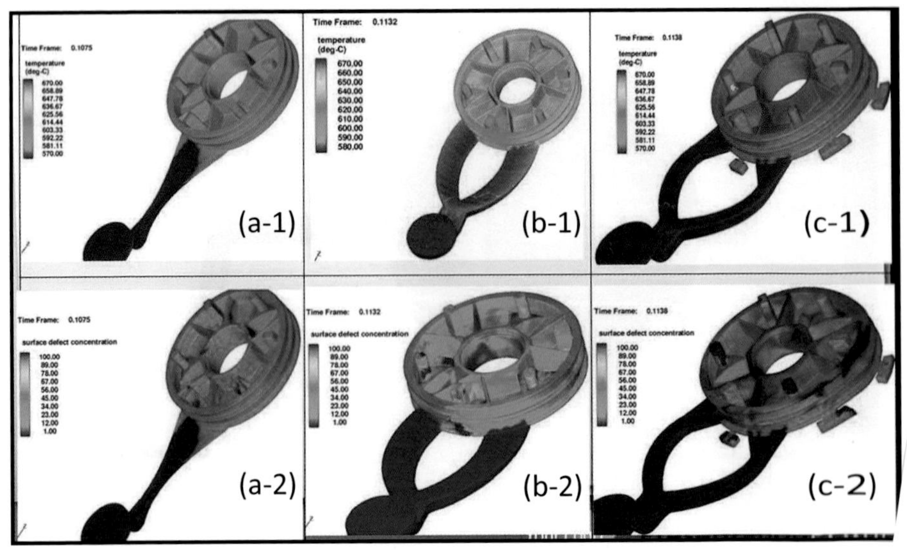

內文 P.139　圖 4.29 數值軟體分析結果：(a-1)(a-2)單向填充流道設計；(b-1)(b-2)雙流道

流道設計；(c-1)(c-2)流道充填(修改)流道設計

序言

在資訊傳播快速的現代，國內市面上可取得壓鑄模具設計資料相當有限，尤其是適合大學校院使用之教科書。有鑑於此，為方便學術的研究發展，本書介紹壓鑄模具的基礎設計與生產技術。另外，為解決業界實務上所遭遇的問題，作者提出本身的看法與改善建議，期望本書提供讀者壓鑄模具生產技術與設計理論觀念。

本書內容包含壓鑄製程導論、壓鑄合金、壓鑄模具材料、壓鑄方案設計、模流分析簡介、智慧型壓鑄模具等六個章節，適合大學校院之大學部與研究所開授課程採用。

「壓鑄製程導論」介紹壓鑄作業、常見的鑄件缺陷、壓鑄件公差設計等內容;「壓鑄合金」包含常用的壓鑄合金，如鋁合金、鎂合金、銅合金與鋅合金，並以元素觀點剖析合金特性與應用場合;「壓鑄模具材料」說明選擇適當的模具材料、模具加工製程、熱處理製程、模具保養;「壓鑄方案設計」提供模具設計者基礎的設計理論與觀念，並引用作者開授大學部課程之期末專題為例，讓讀者深入了解模具設計的細節考量;「模流分析簡介」主要是比較不同商用軟體的特性與適用性，並以實例演練，讓讀者了解模流分析之角色與功能;「智慧型壓鑄模具」是為解決自動化壓鑄生產所面臨的問題，例如壓鑄機如何與模溫控制機連線，並且回授控制壓鑄機，諸如此類含有思考成份的生產技術，皆是未來壓鑄發展的重點。

本書感謝教育部「產業先進設備人才培育計畫」於經費上的支持，使本書得於順利出版。在教材大綱草擬及教材審查方面，承蒙六和機械股份有限公司林煜昆協理、開欣工業股份有限公司李玉麟總經理、金屬工業研究發展中心王福山特別助理、梧濟工業股份有限公司許憲斌副總經理、鑽全股份有限公司陳進興協理和統仁貿易股份有限公司呂學昆總經理給予寶貴的建議和內容整合上的指教。另外，感謝先進製造工程研究中心成員博士生范量景、歐陽宏柏、碩士生薛丞碩、鄭仲淵、徐兆廷、許哲瑋於資料蒐集和教材內容編撰的貢獻，碩士生林剛正、洪定仁、葉旭勤、陳聖文在繪圖與編排的付出，最後再次感謝博士生歐陽宏柏與碩士生林剛正協助完成本書的初校與訂正。

本書雖經多次校稿，但錯誤在所難免，期望各界專家不吝指教與批評，讓本書得於持續改進，共同為壓鑄業技術的提升盡棉薄之力。

莊水旺

臺灣海洋大學機械與機電工程學系

shjuang@mail.ntou.edu.tw

目錄

第一章　壓鑄製程導論

仔細觀察我們的生活周遭，不論是食、衣、住、行、育、樂方面或相關物品，都是經過轉換多種原料，製造組合而成。這些物品依照使用的材料、型態與需求而有不同的製造程序，本書所討論的壓鑄製程屬於金屬材料的成形方法之一。

1-1　金屬成形或成型

此處所談論的金屬成形 (forming) 或成型 (molding)，差別在於前者指的是原料經由外力擠壓、添加、去除或改變體積、形狀的製造程序，此原料通常是塊材、板材或棒材；後者則包含模型與鑄造 (casting)。藉由成形所得到的產品形狀經常是最接近成品的外形，僅需要少許加工量，甚至不需要再加工，屬於近淨形 (near net-shape) 製程。一般不會刻意區分這兩個名詞，本書內容以成形表示。

1-2　金屬成形方式

金屬材料依照成形方式可以大致分為四種型態：液態成形 (liquid forming)；切削製程 (material removal processes)；固態成形 (solid forming)；組合製程 (consolidation processes)。這四種型態的成形方式依照使用工具與設備不同，衍生出額外許多製造方法，圖 1.1 為成形與製造方法之間的關係。其中壓鑄 (die casting) 屬於液態成形與多次性模 (multiple-use mold) 的一種製造方法。

1-3　壓鑄製程

壓鑄是利用高壓將金屬熔液 (molten metal，又稱為熔湯) 強制注入複雜形狀的金屬模穴，屬於一種精密鑄造法，主要用於生產低熔點的非鐵金屬零組件。

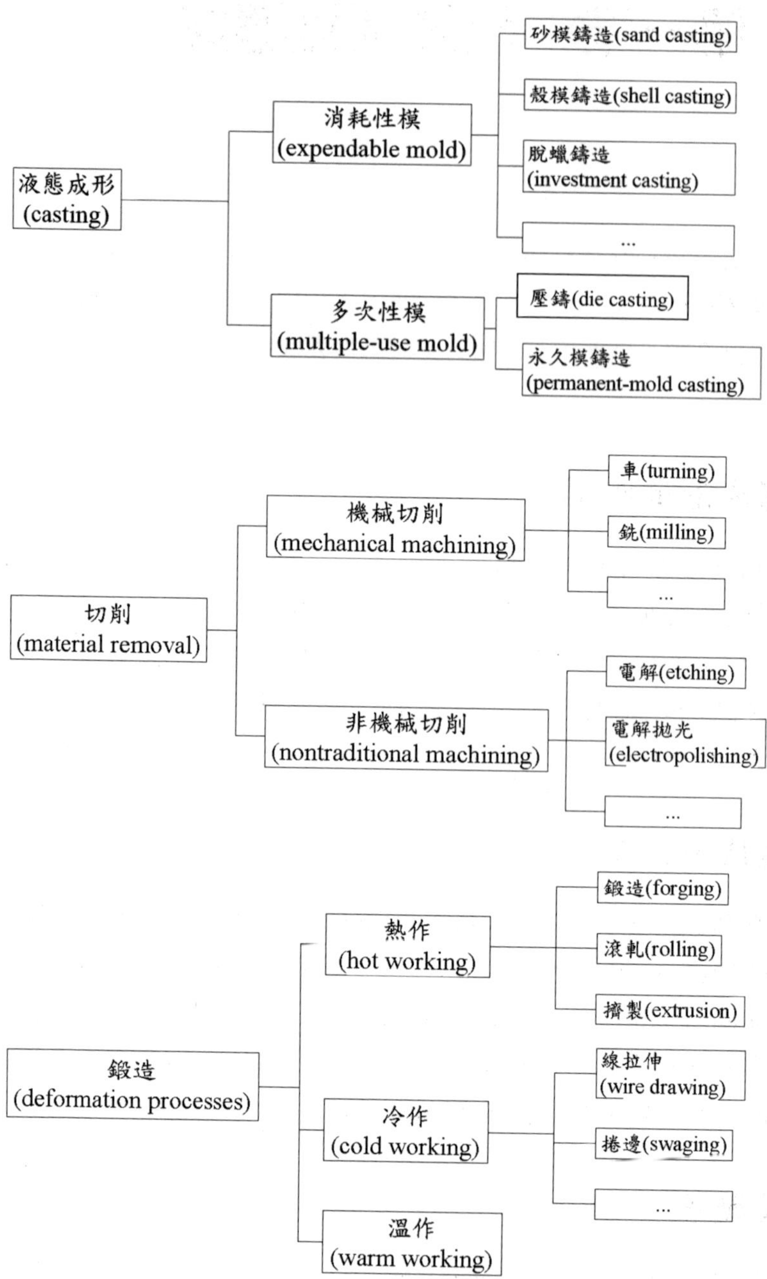

圖 1.1 金屬成形與製造方法

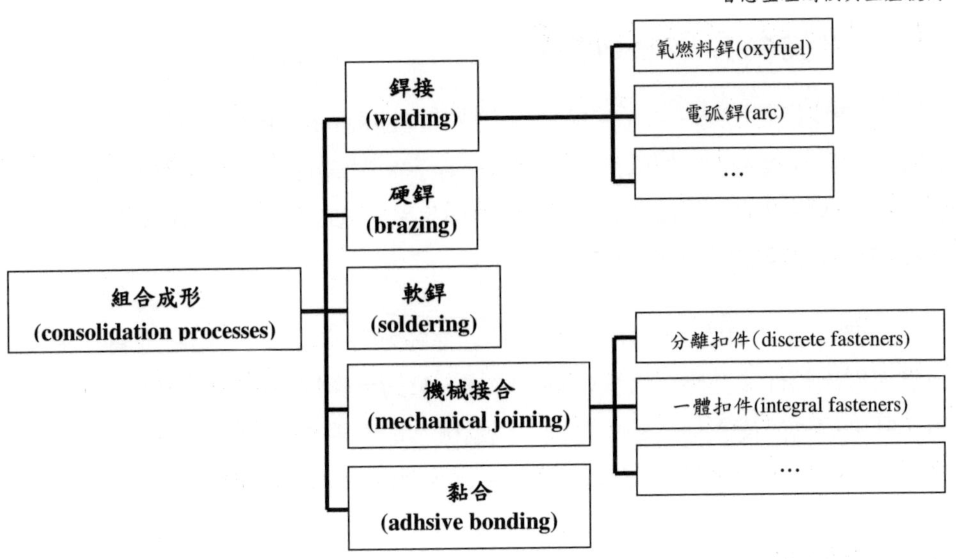

圖 1.1 金屬成形與製造方法(續)

通常壓鑄件具有尺寸公差小、表面精度優良、機械強度高、二次加工量少、生產速度快且具高經濟價值等優點。壓鑄的概念早在 150 年前就已經存在，Dorhler 指出在 1850 年左右，已有發明家提出藉由外力迫使熔湯進入金屬模具的製程方法，並申請專利 (如：1849 的 Sturges 和 1852 的 Barr)。起初 20 年，這項技術只應用在生產手動印刷機的鉛字，而今日所熟知的壓鑄製程，則是由一位英國發明家 —— Charles Babbage 在 1868 年所開發。當時僅應用於生產計算機 (也就是現代的電腦) 的零組件，之後於 1892 年開始應用在生產 Thomas Edison 所發明留聲機與收款機的零組件。到了 20 世紀初期，即 Sturges 取得專利再經過近 60 年，壓鑄製程才開始進入大量生產的應用階段。

第一種使用於壓鑄的金屬爲錫合金與鉛合金，1914 年後兩者逐漸被鋅合金與鋁合金取代，鎂合金與銅合金則在 1930 年前後開始應用在壓鑄製程上。隨著現代工業技術進步，壓鑄製程亦衍生出各種不同的方法，除了傳統的高壓鑄造以外，還有低速壓鑄、擠壓鑄造、半固態壓鑄、真空壓鑄與無孔壓鑄等。此外，配合各種自動化週邊設備，實現無間斷的製造生產，使得壓鑄製程成爲最適合用以大量生產各類產品的生產技術。

1-4 設備簡介與名詞解釋

鑄造泛指將熔湯注入預置模具內，待其冷卻凝固後再取出鑄件的金屬成形製程，如砂模鑄造、脫蠟鑄造、離心鑄造等。高壓鑄造專指以高壓高速的方式將熔湯注入模具的一種鑄造製程，藉由這種生產方式，不但大量縮短製程時間，亦能獲得強度優良的金屬產品。

一般而言，鑄造製程的設備依照功能性區分為三大部分：熔融金屬、注入模具與取出鑄件。在壓鑄製程中為熔解爐、壓鑄機與周邊設備這三部分生產設備，其中周邊設備囊括自動噴霧機、模溫機、取出機或輸送帶等，部分周邊設備可以由人力取代。圖 1.2 為常見的臥式冷室與臥式熱室壓鑄機。

1-5 壓鑄機

壓鑄機為壓鑄製程的核心設備，大部分的生產過程都在壓鑄機中完成。鑄件的大小、品質甚至良率等結果，往往取決於壓鑄機的性能優劣與否。為產品選擇合適的壓鑄機進行生產，亦是控制生產成本、提昇產品競爭力的關鍵。

常見的壓鑄機根據合模方向可分為立式與臥式壓鑄機，依照料管是否浸入熔湯中分為熱室或冷室壓鑄機。而壓鑄機的鎖模力大小，就是一般用來形容或稱呼壓鑄機的方式，如「150 噸的臥式熱室壓鑄機」。壓鑄機的鎖模力大小與產品尺寸有關，產品尺寸越龐大，就需要越高的鑄造壓力，與更大的鎖模力。

1-5-1 冷室壓鑄機

冷室壓鑄機機台與熔爐設備的結構為各自獨立，壓鑄機的規模相當有彈性，在市場上從 150 噸到 4,500 噸上下都可以看到。相較於熱室壓鑄機，冷室壓鑄機適合生產對於產品有強度、氣密性等需求或者幾何尺寸較大型的鑄件，較少用於生產熔點較低的合金 (如：錫合金、鋅合金) 與鑄件肉厚太薄的產品 (厚度小於 1 mm)。前者是基於考量生產設備成本，後者則是由於在生產過程中氣體較容易捲入鑄件當中，形成產品缺陷。

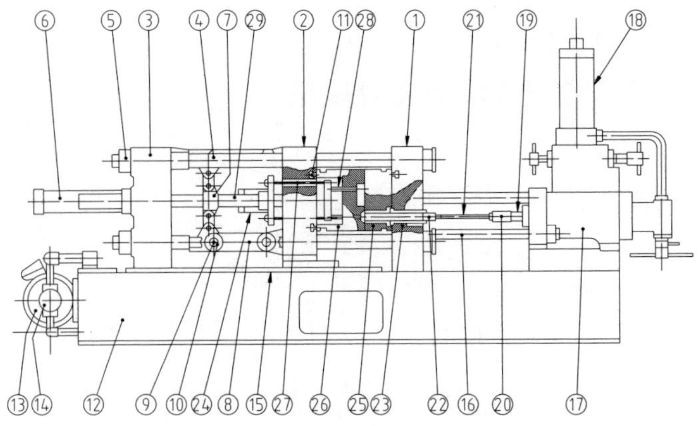

圖 1.2　(a)臥式冷室壓鑄機

(備註：上圖僅表示各部名稱及形狀，並未顯示構造之基準)

表 1-1　臥式冷室壓鑄機機構名稱

代號	中文名稱	英文名稱	代號	中文名稱	英文名稱
1	固定模板	fixed platen	**16**	射出繫桿	shot tie bar
2	可動模板	movable platen	**17**	射出油壓缸	injection cylinder
3	後模板	rear platen	**18**	蓄壓器	accumulator
4	繫桿	tie bar	**19**	射出活塞桿	injection piston rod
5	繫桿螺帽	tie bar nut	**20**	柱塞桿聯軸節	plunger rod coupling
6	關模油壓缸	die closing cylinder	**21**	柱塞桿	plunger rod
7	十字頭	cross head	**22**	柱塞頭	plunger tip
8	肘節連桿	toggle link	**23**	射出料管	shot sleeve
9	連桿銷	link pin	**24**	頂出油壓缸	ejector cylinder
10	連桿銷襯套	link pin bushing	**25**	固定模半	fixed die half
11	T 型槽	T slot	**26**	可動模半	movable die half
12	基座	machine base frame	**27**	頂出桿	ejector rod
13	馬達	electric motor	**28**	頂出銷	ejector pin
14	油壓泵	hydraulic pump	**29**	十字頭導桿	cross head guide bar
15	可動模板滑道	hardened slideway			

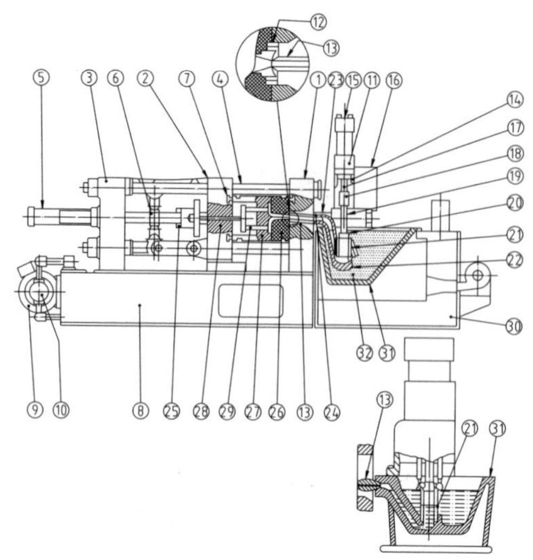

圖 1.2　(b)臥式熱室壓鑄機

(備註：上圖僅表示各部名稱及形狀，並未顯示構造之基準)

傳統臥式冷室壓鑄機的製造程序可以簡化如圖 1.3：(a) 取湯機汲取適當容量的熔湯注入料管；(b) 柱塞推動料管內的熔湯至模具內；(c) 等待熔湯冷卻凝固；(d) 開啟模具並頂出鑄件；(e) 開啟模具噴灑離型劑與清潔模面；(f) 壓鑄機合模。

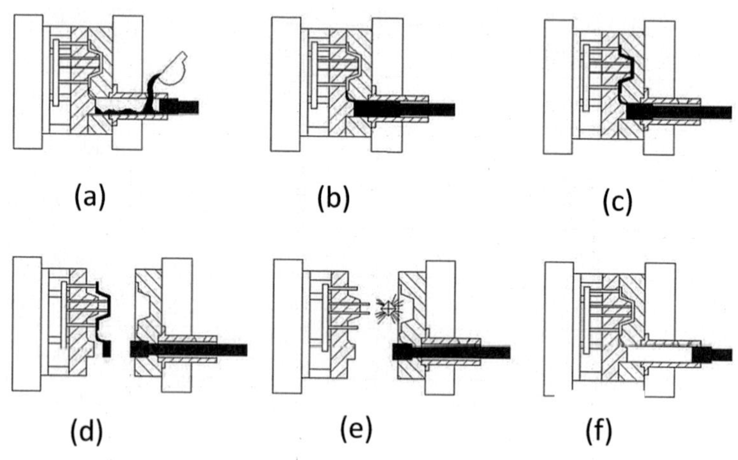

圖 1.3　傳統臥式冷室壓鑄機的製造程序

表 1-2　臥式熱室壓鑄機機構名稱

代號	中文名稱	英文名稱	代號	中文名稱	英文名稱
1	固定模板	fixed platen	17	射出活塞桿	injection piston rod
2	可動模板	movable platen	18	柱塞桿聯軸節	plunger rod coupling
3	後模板	rear platen	19	柱塞桿	plunger rod
4	繫桿	tie bar	20	柱塞頭	plunger tip
5	關模油壓缸	die closing cylinder	21	射出料管	shot sleeve
6	十字頭	cross head	22	鵝頸管	gooseneck
7	T 型槽	T slot	23	射出繫桿	shot tie bar
8	基座	machine base frame	24	鵝頸箍	gooseneck tip
9	馬達	electric motor	25	頂出油壓缸	ejector cylinder
10	油壓泵	hydraulic pump	26	固定模半	fixed die half
11	射出油壓缸	injection cylinder	27	可動模半	movable die half
12	定位環	locating ring	28	頂出桿	ejector rod
13	噴嘴	nozzle	29	頂出銷	ejector pin
14	噴射環	rocket ring	30	熔爐	furnace
15	蓄壓器	accumulator	31	熔解鍋	melting pot
16	軛（射出架）	yoke(injection frame)	32	熔湯	molten metal

1-5-2 熱室壓鑄機

傳統臥式熱室壓鑄機的製造程序可以簡化如圖 1.4：(a) 關閉模具；(b) 柱塞推動鵝頸管內的熔湯至模具之內；(c) 待熔湯冷卻凝固後，開啟模具並頂出鑄件。熱室壓鑄機的鵝頸管完全浸泡於熔解爐之中，鵝頸管與熔解爐兩者為一體之結構，鵝頸管必須能夠長時間抵抗高溫熔湯的侵蝕。考量鵝頸管的製造成本與使用壽命，熱室壓鑄機的規模無法太大，常見的熱室壓鑄機約為 15 噸至 400 噸上下。與冷室壓鑄機相較，熱室壓鑄機不適合生產尺寸較大或有強度需求的產品，但適合生產幾何尺寸較小、金屬熔點較低或肉厚較薄的鑄件，而且熱室壓鑄機有設備與製造成本低廉、效率高與製程穩定等優點。

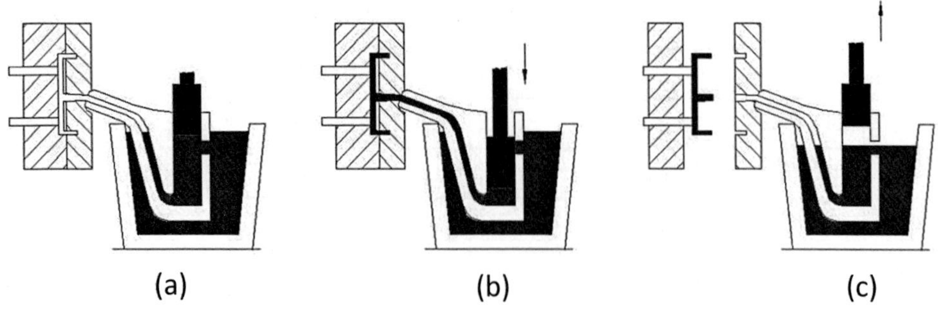

圖 1.4　傳統熱室壓鑄機的製造程序

1-5-3 臥/立式壓鑄機

傳統的立式冷室壓鑄機的製程流程如圖 1.5：(a) 取湯機汲取適當容量的熔湯注入料管；(b) 關閉模具；(c) 柱塞推動料管內的熔湯至模具之內；(d) 等待熔湯冷卻凝固後，開啟模具並頂出鑄件。與臥式壓鑄機比較，立式壓鑄機的生產與模具設計較不受重力影響，可將流道系統的湯餅設置在模具中央，在充填過程中較不易捲入外界的氣體，非常適合生產高品質的鑄件產品，但有維護成本高、操作不易且難以全面自動化等缺點。

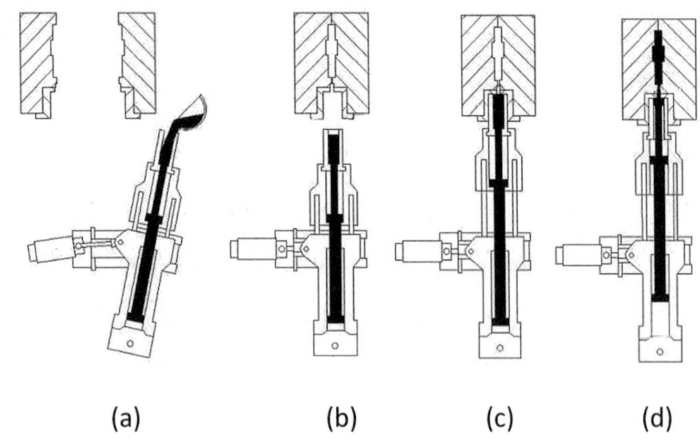

圖 1.5　傳統立式冷室壓鑄機的製造程序

1-6 壓鑄模具

壓鑄模具的材質多為熱作工具鋼，依照不同的功能需求與成本考量，可由不同材質的工具鋼製作組合而成。模具可以分為「可動模」(ejector die half) 與「固定模」(stationary die half)，或以「公模」與「母模」區分。模具又可細分為模仁、模座(承塊)、頂出板、頂出銷、中子、導銷、斜銷、分流子、排氣系統等，如圖 1.6。膜腔為熔湯在模具中成形之處，可細分為料餅、流道、澆口(此三者稱為流道系統)與鑄件，如圖 1.7。

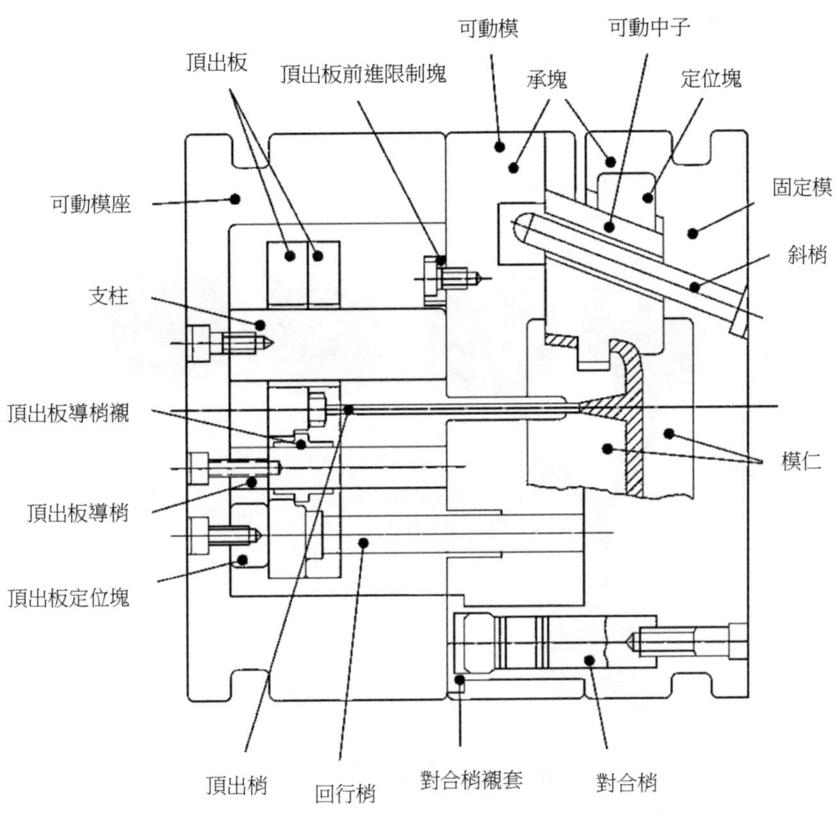

圖 1.6　壓鑄模具結構：(a)壓鑄模具側視圖

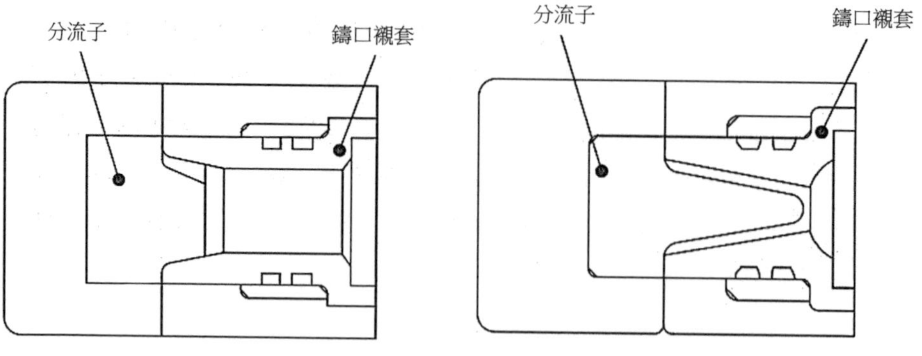

圖 1.6　壓鑄模具結構：(b)冷室與熱室鑄口結構

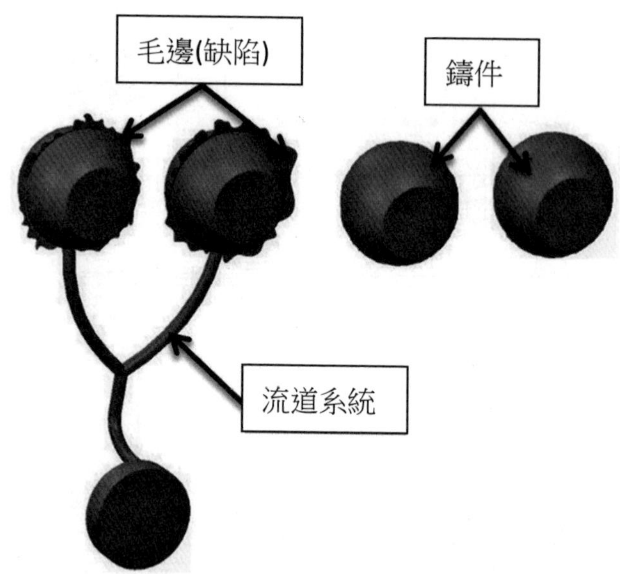

圖 1.7　鑄件與流道系統

1-7 其他周邊設備

壓鑄製程中的其他周邊設備，泛指壓鑄機之外的其他設備，包括熔解爐、保溫爐、自動噴霧機、取出機、剪緣機與輸送帶等。

1-7-1 熔解爐與保溫爐

熔解爐將欲鑄造的金屬加熱至熔融狀態，保溫爐保持熔湯的溫度，圖 1.8 為常見的熔解爐與保溫爐的外觀與結構。若有需要，可以將熔解爐與保溫爐分開設置，也就是由一具中央熔解爐如圖 1.9，負責熔融金屬，再配送熔湯至各生產線的保溫爐中。中央熔解爐可以準確控制所有生產線上的熔湯品質，但設備成本高，僅適合規模龐大且單一合金的生產線；另一種替代中央熔解爐方式為僅使用一具爐子，同時負責熔解與保溫金屬。單一爐雖然可以節省設備成本，卻容易導致熔湯品質不穩定。

圖 1.8　熔解爐與保溫爐

圖 1.9　中央熔解爐

鑄造時熔解爐熔解活性較大的金屬如鎂合金，必須選用封閉型式的熔解爐，如圖 1.10，並且在其中充滿惰性氣體，以隔絕熔湯與外界的氣體與水分，避免熔湯引起火災或其他工安意外。

圖 1.10　鎂合金專用之熔解爐

1-7-2 模溫機

模具溫度影響鑄件品質甚大，對於某些特殊環境 (如寒帶地區)，模具溫度不易升高、保溫或者需要準確控制模具溫度的狀況下 (如生產肉厚較薄的產品或鎂合金產品)，便可以使用模溫機來加熱或冷卻模具溫度。其原理係透過加熱或冷卻油品，再將油品注入模具中的管路，以控制模具溫度，模溫機如圖 1.11。

圖 1.11 壓鑄用模溫機

1-7-3 取出機

取出機為簡單的機械手臂，如圖 1.12，負責將成形完畢之鑄件送至輸送帶或剪緣機。取出機為壓鑄製程中的一項重要的自動化設備，若有必要，這項工作可以透過人工取代。

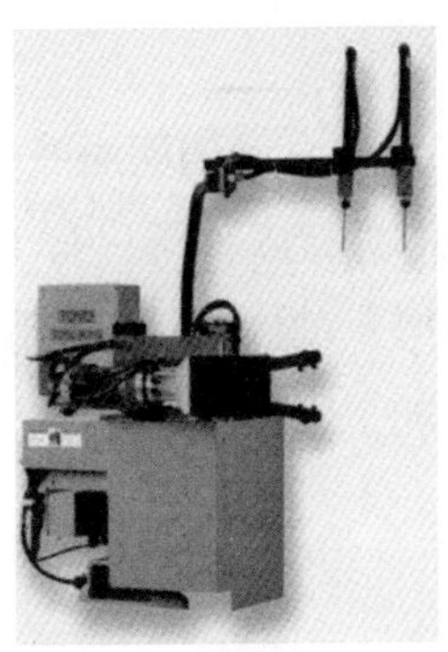

圖 1.12 自動取出機

1-7-4 自動噴霧機

自動噴霧機在鑄件取出後，以高壓空氣與離型劑噴灑模具表面進行清潔。通常設置在壓鑄機上，如圖 1.13。離型劑的種類、噴灑的時間與位置是壓鑄製程中影響生產效率與品質的重要參數。若有必要，這項工作可以透過人工取代。

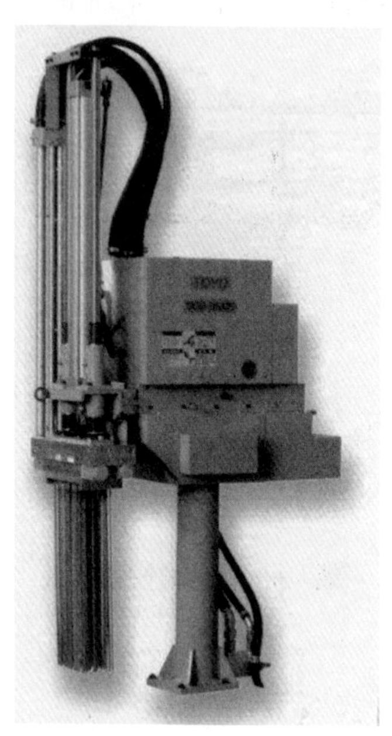

圖 1.13 自動噴霧機

1-7-5 剪緣機與輸送帶

鑄件自壓鑄機成形之後，還包含流道與溢流井這些產品以外的部位，就一般設計而言，這些部位與產品的連接處通常只有 1 ~ 2 mm 的厚度，可以輕易徒手剝除，否則就必須使用剪緣機。剪緣機基本上是小型的沖壓機，如圖 1.14。輸送帶負責將鑄件送往下一道加工製程。

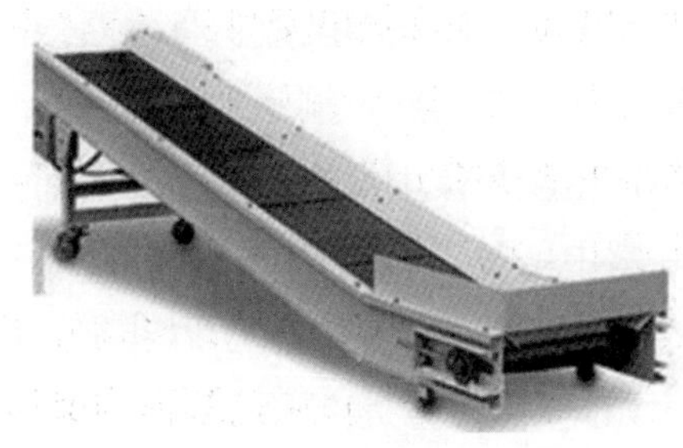

(a) 剪緣機　　(b) 輸送帶

圖 1.14　剪緣機與輸送帶

1-8　壓鑄製程方法

壓鑄產品除了因為使用不同的壓鑄機生產而有不同的特性以外，生產過程中的各種參數亦對產品品質有所影響。除了傳統壓鑄方法以外，另外有許多不同的壓鑄方法以達到高品質、低成本、高良率與生產效率高等終極目標。

1-8-1　傳統壓鑄法(高壓鑄造)

臥式冷室壓鑄機的生產循環如圖 1.3 所示：(a) 將金屬熔液注入料管；(b) 柱塞以較低的速度推動金屬熔液，進入至澆口位置；(c) 柱塞以較高速度推動金屬熔液充滿模腔；(d) 待金屬熔液冷卻凝固後開啟模具，並且頂出板作動而頂出鑄件；(e) 噴灑離型劑與清潔模面；(f) 關閉模具。整體壓鑄生產循環大約於 10 ~ 120 sec 之內完成，而熔湯充填模腔的時間約在 10 ~ 60 msec。

當熔湯到達澆口位置後，立即以較高的速度灌入模腔內，熔湯因此而霧化噴出，接觸模具表面後立即凝固，形成緻密的表層，使得壓鑄件表面平滑且精度高。待熔湯充滿模腔後，壓鑄機繼續施予熔湯一定的壓力，稱之為增壓壓力，使得壓鑄件幾何尺寸精度高、強度優良。熱室壓鑄機通常可以施予 70 ~ 350 kg/cm^2，冷室壓鑄機則可以施予 300 ~ 1100 kg/cm^2。

與其他鑄造法相較，傳統壓鑄法所生產的鑄件通常具有機械性質優良、幾何尺寸精度高、表面精度優良且生產效率高等優點，適合應用於自動化量產少樣多量的鋁、鎂、鋅、銅等合金之產品。但金屬模具的成本較為昂貴，相對地較不適合生產多樣少量的訂製產品，而且傳統壓鑄法容易捲入過多外界氣體進入鑄件當中，形成氣孔、縮孔等缺陷。在某些極端環境中，產品品質甚至會受生產環境的溫、濕度影響，所以非常仰賴模具的流道設計與現場生產者的實作經驗，如此才能完全發揮壓鑄製程的優點。

為了提高壓鑄製程的穩定度，迄今已發展了許多種形式的壓鑄方法，大多數新型態的壓鑄方法皆是解決壓鑄製程中容易捲入氣體或縮孔等致命缺點。

1-8-2 真空壓鑄法

傳統壓鑄法中捲入鑄件的氣體，大部分來自料管與模腔當中。柱塞於料管中推送熔湯時速度控制不當，造成原先存在於料管中的空氣無法順利排出，如圖 1.15；模腔中不當的流道設計，當熔湯從澆口進入模腔時，模腔中的空氣無法順利排出，鑄件凝固冷卻時空氣就包覆在產品當中。

通常料管當中的捲氣現象，可以透過設定適當的柱塞速度而獲得改善，膜腔中的氣體則是透過流道設計排除。一般具有良好流道設計的壓鑄件，如鋁合金壓鑄件含氣量約為每 100g 壓鑄件中含有 12 c.c. 的氣體。若能夠事先在模腔中建立真空環境，必能獲得更高品質的鑄件，這就是真空壓鑄法的概念。

就上述真空壓鑄法與傳統壓鑄法相較，在設備上多增加真空泵、真空桶、真空管路、真空控制系統與模具上的真空閥，而在模具製作上要特別考慮氣密的問題。增加的設備與維護成本是真空壓鑄法最大的缺點之一，並且真空壓鑄法並不能解決所有的壓鑄缺陷，也不是所有的鑄件都適合使用真空壓鑄法來提升品質。

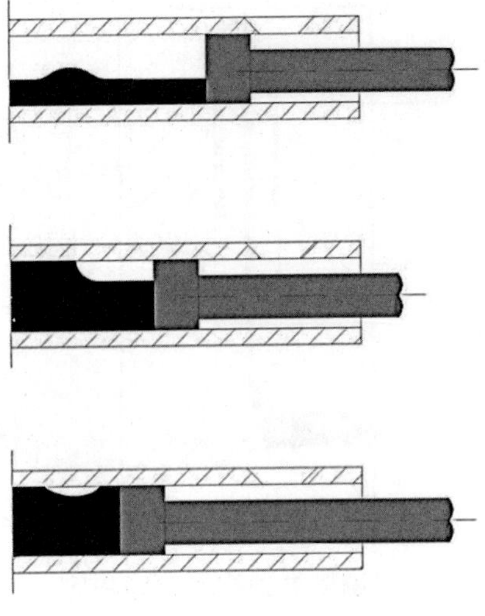

圖 1.15　料管捲氣過程

1-8-3　低速壓鑄法

傳統高壓鑄造係控制熔湯速度，高速通過澆口以獲得高強度之鑄件，但熔湯霧化過程中難免會捲入空氣，若能降低澆口速度，使得熔湯以層流(laminar flow)的方式流動，如圖 1.16，以上就是低速壓鑄的概念。生產流程與傳統高壓鑄造相似，僅熔湯通過澆口處的速度較慢，通常小於 1 m/s。

使用較低的鑄造壓力(通常為 500 ~ 800 kg/cm^2)就可以生產有結構強度需求的鑄件，為低速壓鑄最大的優勢。但低速壓鑄的熔湯充填速度較慢，無可避免地增加生產時程，另外對於壓鑄機穩定控制速度的能力的要求也較高。為避免熔湯太早凝固導致充填不良，必須加大澆口厚度與提高熔湯溫度，因此不適合生產較薄或形狀複雜的鑄件，此外模具壽命也較短。

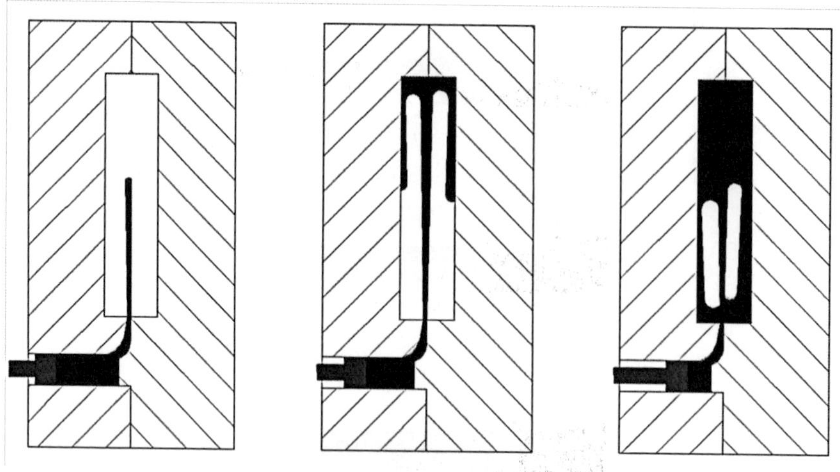

(a)熔湯以高速霧狀充填模腔

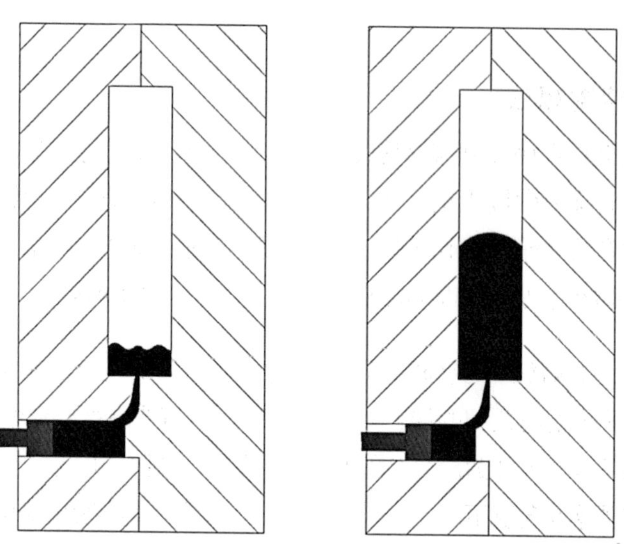

(b)熔湯以低速充填模腔

圖 1.16 低速壓鑄法概念

1-8-4 半固態壓鑄法

一般所謂鑄造係指金屬從液態凝固成固態的金屬成形方法，但自 1970 年代起，Flemings 等人成功開發出流變鑄造法後，半固態鑄造逐漸受到重視。半固態鑄造就是在熔湯凝固過程中施以劇烈攪拌，充分將樹枝狀結晶析出物(初析相)打碎成球狀並均勻懸浮於熔湯中，此時熔湯爲固液相混合之漿料，呈現所謂半固態 (semi-solid) 的狀態。將此漿料注入模具或施以加工成形的製程稱爲流變鑄造 (rheocasting) 或流變成型 (rheomolding)。若將已具有球狀結晶的漿料，凝固製作成棒材或鑄錠，鑄造時重新加熱至半固態，再進行鑄造的製程稱爲觸變鑄造 (thixocasting) 或觸變成型 (thixomolding)。流變 (rheo-) 與觸變 (thixo-) 製程最大的差別在前者爲冷卻熔湯，後者爲加熱鑄錠，但觸變鑄造不需要使用熔解金屬之設備，僅需加熱系統；流變鑄造則需要較爲嚴謹的金屬熔解系統，包括熔湯除氣或除渣等精鍊設備。

由於半固態壓鑄法屬於新穎的技術，具有相當多獨特的優點，如鑄件凝固收縮率小，產品精度更高；不易產生氣孔，鑄件更緻密，可以進行各種熱處理；成形後內部組織均勻；製程循環時間更短；廢料更少；模具壽命更長。因此除了在設備與技術上的取得與使用較爲困難與昂貴之外，半固態壓鑄一直被認爲是一項具有龐大未來性的壓鑄方法。

1-8-5 無孔壓鑄法

無孔壓鑄法 (pore free diecast, PF diecast)，又稱爲氧氣氣氛壓鑄法，係將純氧灌入膜腔與料管後再進行壓鑄的一種製程。當熔湯通過澆口霧化時，與氧氣接觸瞬間形成氧化鋁 (Al_2O_3) 微粒，膜腔內此時爲真空狀態，可以避免鑄件內部氣孔缺陷的問題。無孔壓鑄法成形的鑄件可以進行銲接與熱處理，但是與真空壓鑄法都有相同的問題——必須投資額外設備，增加灌入氧氣的過程造成降低壓鑄生產效率。儘管如此，無孔壓鑄法不能解決所有的壓鑄問題，也不適合於所有的壓鑄件。

1-8-6 其他壓鑄製程

除了上述的傳統與新型壓鑄製程以外，另有局部加壓壓鑄、超低速壓鑄、超高速壓鑄、超高真空壓鑄、層流充填壓鑄法等等，都是改良傳統壓鑄方法，而達到高品質、低成本、高良率與高生產效率等終極目標。

1-9 壓鑄作業條件

無論是傳統或是其它壓鑄製程，生產者與工程師必須瞭解作業條件，確保產品品質。

1-9-1 熔湯與模具溫度

對金屬合金來說，溫度越高，流動性就會越佳，流動性為壓鑄合金的其中一項重要性質。考量生產能源成本與效率，為使熔湯在成形過程中保有良好的流動性，控制熔湯與模具溫度為主要目的。

進行鑄造時，不同的合金需要加熱至不同的溫度範圍，而且對溫度的敏感度也有所不同。為避免在充填過程中，溫度散失引起熔湯流動性下降，導致充填不良或其他缺陷，除了控制熔湯溫度以外，保有適當的模具溫度也很重要。鎂合金對於溫度變化較鋁合金敏感，生產鎂合金鑄件時，熔湯與模具的溫度控制較鋁合金困難。鎂合金的熔解溫度通常在 650 ~ 680℃，模具溫度通常控制在 180 ~ 230 ℃；鋁合金的熔解溫度通常在 660 ~ 680℃，模具溫度通常控制在 150 ~ 180 ℃；鋅合金的熔解溫度通常在 420 ~ 450℃，模具溫度通常控制在 150 ~ 200 ℃；銅合金的熔解溫度通常在 850 ~ 900℃，模具溫度通常控制在 300 ~ 450℃。

1-9-2 柱塞低速與高速射出速度

傳統壓鑄法中柱塞的運動速度可以分為兩個階段，第一階段是以低速前進，熔湯充滿料管。冷室壓鑄機在此階段有一臨界速度，大於此臨界速度容易捲氣，速度太慢則因回流而包氣且可能使熔湯太快凝固及降低生產效率，如圖 1.17。第二個階段是以高速前進，將熔湯射入模腔，其目的是藉由高速使熔湯在澆口處霧化，同時儘量避免熔湯沖蝕模具。

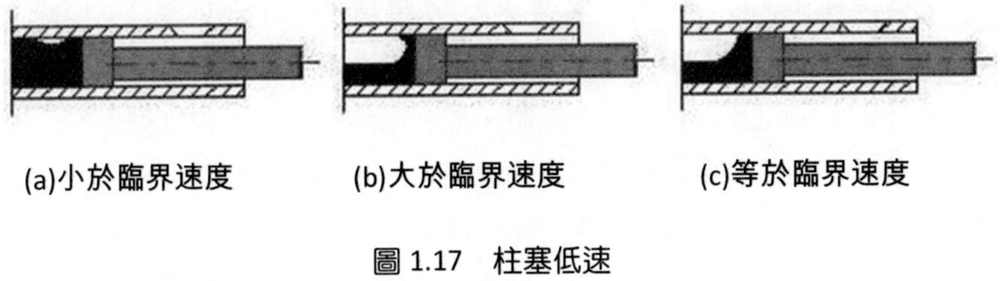

圖 1.17　柱塞低速

鑄件常見的缺陷，絕大部分來自於壓鑄過程中捲入的氣體，適當控制柱塞低速速度，可以有效避免料管中的氣體捲入鑄件，故為降低缺陷發生率的首要工作；熔湯通過澆口的速度為影響鑄件表面品質與模具壽命的一項重要參數，稱為「澆口速度」(gate velocity)，藉由控制柱塞高速速度可以獲得理想的澆口速度，以鋁合金為例，其值通常在 30 ~ 60 m/s。

1-9-3　鑄造壓力與鎖模力

當熔湯充滿模腔的瞬間，壓鑄機仍會對熔湯施予壓力，稱為「鑄造壓力」或「成形壓力」，此階段稱為「增壓」，鑄件優良的機械性質即來自於此動作。鑄造壓力越大，鑄件品質越好，相對地就需要使用較大的鎖模力，依賴規模較大的壓鑄機，不但提高生產成本，模具壽命也會較低；「鎖模力」為壓鑄機關閉模具的力量，用來抵抗鑄造壓力，若鑄造壓力大於鎖模力，在增壓時模具會被撐開，熔湯竄入兩模半之間，形成鑄造缺陷「毛邊」(flash)，甚至導致鑄件幾何尺寸變形。依照產品需求選擇適當的鑄造壓力並配合足夠的鎖模力，是影響鑄件品質與生產成本的首要步驟。

1-9-4　料餅厚度與料管充填率

料餅 (biscuit) 的厚度會影響壓鑄製程中增壓階段的壓力傳達，通常維持 10 ~ 30 mm 的料餅厚度即可，太薄會使增壓壓力無法完全作用至鑄件當中；太厚則造成太多廢料。料管充填率為熔湯佔有料管的體積比，太高的充填率，容易在柱塞作動，熔湯噴出料管引起危險；充填率太低則容易捲入大量氣體進入鑄件。一般希望充填率可以維持在 30 ~ 50% 左右。

1-9-5 離型劑種類、濃度、噴灑量與噴灑模式

在模具表面噴灑離型劑之目的在於冷卻並避免熔湯直接沖蝕模具。離型劑的主要成分大多是蠟及石墨的混合液體，噴在高溫模具上，會立刻形成一層潤滑薄膜保護模具表面；冷卻效果則是藉由模具的高溫，汽化離型劑中的水分並帶走熱量。通常使用水當作稀釋劑，水分僅是為了帶走模具熱量，並沒有保護模具表面的功能，甚至要避免水分直接與熔湯接觸造成鑄件缺陷，因此在離型劑噴灑完後，必須等待水分完全蒸乾才會關閉模具。

目前市售的離型劑種類大多針對不同的合金而有所不同，選擇適當的離型劑種類、稀釋濃度與噴灑量甚至噴灑模式 (水柱或霧狀噴灑) 可以有效地控制與提升生產效率與產品品質。

1-9-6 其他生產條件

其他生產條件如：熔解爐的熔解速率及容量、保溫爐溫度與容量、充填時間與生產週期等，這些生產條件都多少影響鑄件品質與生產效率，透過適當的控制、規劃與選擇才能規劃出最有效率且經濟的生產製程。

熔解爐的熔解速率與容量，為單位時間內熔解爐可以熔解的合金重量與最大可以維持的熔湯量；保溫爐的溫度與容量代表保溫爐可以維持的溫度高低與可以保有的熔湯量，兩者都屬於設備的性能，選擇適當的設備是降低成本與穩定產品品質的重要工作。

充填時間為熔湯通過澆口到模腔充填完成所消耗的時間，此時間越短，鑄件品質越好，生產效率也越高，但容易導致模具沖蝕，同時也需要性能較好的壓鑄機。因此充填時間越短，生產成本就越高。

生產週期為一個鑄件從開始到生產出來所消耗的時間，縮短生產週期即提高生產效率，如何能夠儘量壓縮生產週期同時穩定產品品質，一直是所有工程師必須要瞭解且追求共同的終極目標。

1-10 壓鑄品

壓鑄製程的最大特點，在於藉由極高的壓力使金屬熔湯成形並快速冷卻，因此壓鑄產品通常具有幾何公差小、表面精度優良、強度高、二次加工量少、生產速度快且具高經濟價值等優點，也同時具有各種金屬鑄造製程常見的缺陷，如氣孔、縮孔、充填不良或冷接紋等，對於壓鑄製程來說，氣體造成缺陷的比率最高。

1-10-1 壓鑄品特性

根據我國 CNS 4022(國家標準，National Standards of the Republic of China) 與 NADCA S-4A-1-03 (North American Die Casting Association) 爲壓鑄品所制訂的尺寸公差，如表 1-3，與鋁合金鑄造強度比較，如表 1-4，可見壓鑄件與其他鑄造產品相較，具有公差小、強度優良等特性，但由於熔湯是以高速射入膜腔，使得壓鑄件內常含有氣體，造成氣孔、縮孔等缺陷，導致鑄件變形與降低機械強度。如何分析壓鑄件的缺陷原因，對症下藥，爲壓鑄製程能否發揮應有優勢的關鍵。

表 1-3 NADCA 制訂之壓鑄公差規範(S-4A-1-03)

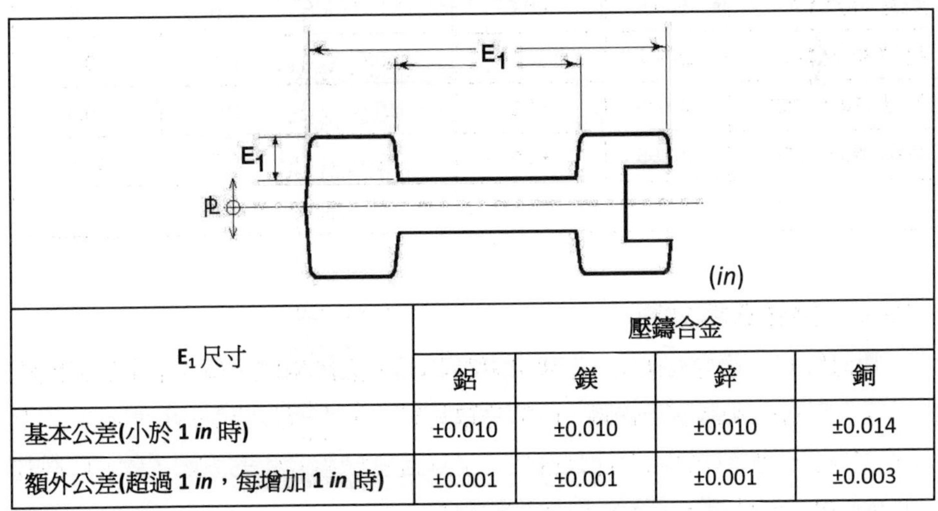

E_1尺寸	壓鑄合金			
	鋁	鎂	鋅	銅
基本公差(小於 1 *in* 時)	±0.010	±0.010	±0.010	±0.014
額外公差(超過 1 *in*，每增加 1 *in* 時)	±0.001	±0.001	±0.001	±0.003

表 1-4　CNS 制訂之壓鑄公差規範(4022)

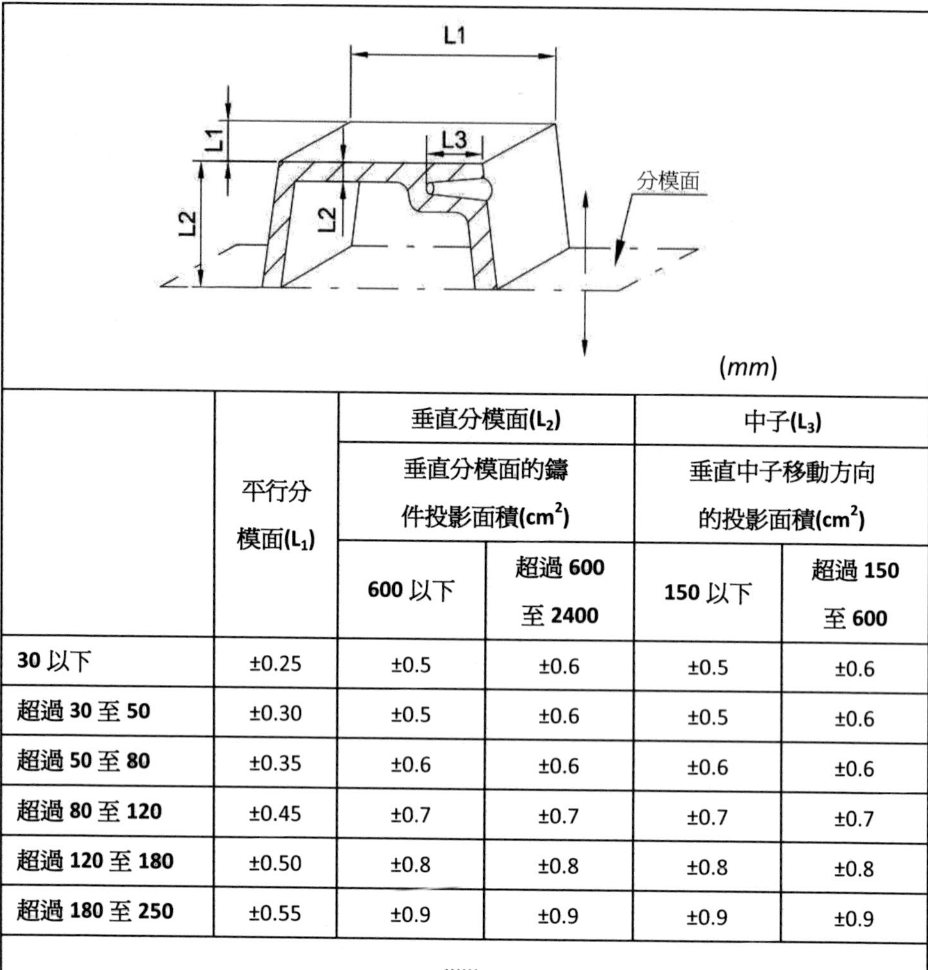

	平行分模面(L_1)	垂直分模面(L_2)		中子(L_3)	
		垂直分模面的鑄件投影面積(cm^2)		垂直中子移動方向的投影面積(cm^2)	
		600 以下	超過 600 至 2400	150 以下	超過 150 至 600
30 以下	±0.25	±0.5	±0.6	±0.5	±0.6
超過 30 至 50	±0.30	±0.5	±0.6	±0.5	±0.6
超過 50 至 80	±0.35	±0.6	±0.6	±0.6	±0.6
超過 80 至 120	±0.45	±0.7	±0.7	±0.7	±0.7
超過 120 至 180	±0.50	±0.8	±0.8	±0.8	±0.8
超過 180 至 250	±0.55	±0.9	±0.9	±0.9	±0.9
……					

1-10-2　鑄件缺陷分析

壓鑄件無可避免有缺陷，以壓鑄常見的捲入氣體爲例，鑄件當中的氣體雖然可能引起氣孔或起泡等缺陷，但這些缺陷若出現在可以接受的位置或缺陷大小可以忽略，則這些缺陷就可以接受。了解這些缺陷發生的原因，就可以控制這些缺陷發生的位置，甚至控制發生的規模。

壓鑄件的缺陷可以分為「外部缺陷」與「內部缺陷」，兩者差別在於當壓鑄件生產完成後(包含表面處理，如烤漆、噴砂等)，肉眼可見的缺陷為外部缺陷；不可見的缺陷則為內部缺陷，必須透過 X-ray 等設備加以檢測。外部缺陷通常直接影響產品尺寸與外觀，內部缺陷則容易影響鑄件氣密性與機械強度。兩者發生的原因或許相近、相互影響，單一缺陷有時是由兩個以上的原因造成，當工程師解決了一個缺陷後，很有可能再度引起其他缺陷，如何將這些缺陷造成的影響降到最低，才是缺陷改善對策的目標。

1-10-3　外部缺陷及改善對策

壓鑄件的外部缺陷如浮泡、冷接紋、熱裂紋、短填、黏模、拖模等缺陷之特徵與改善對策詳述如下：

冷接紋 (cold shut)

特徵：

鑄件表面有明顯流動的痕跡，拋光研磨後仍無法消除。

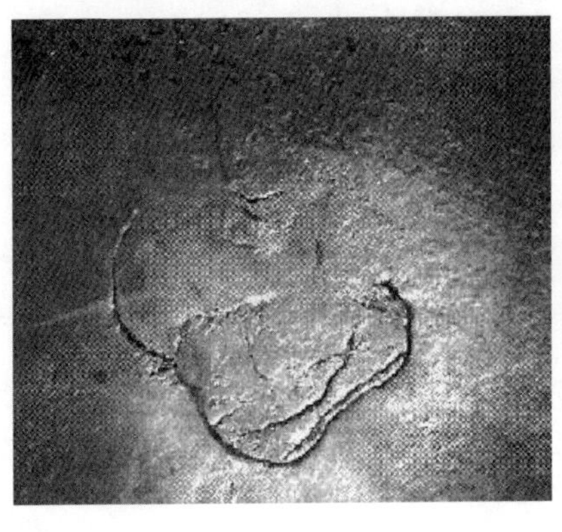

可能原因：	改善對策：
● 熔湯或模具溫度太低	● 提高模具或熔湯溫度
● 充填時間或路徑太長	● 提高澆口速度，縮短充填時間
● 澆口速度太慢	● 變更澆口位置
● 高速切換太慢	● 增設溢流井

浮泡 (blisters)

特徵：

鑄件表面有氣泡狀的圓形突起痕跡，剖開後內部為中空狀態。

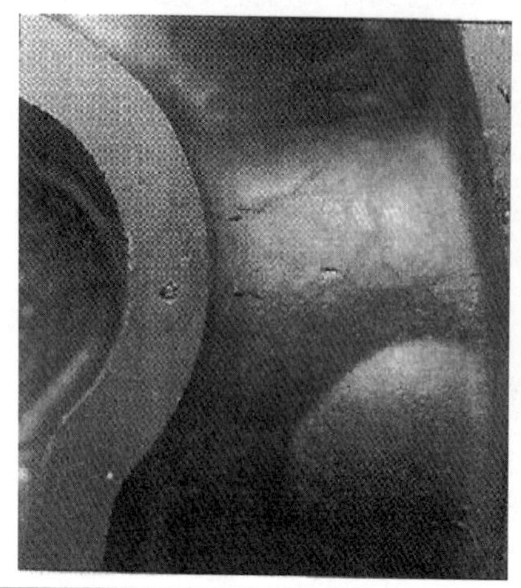

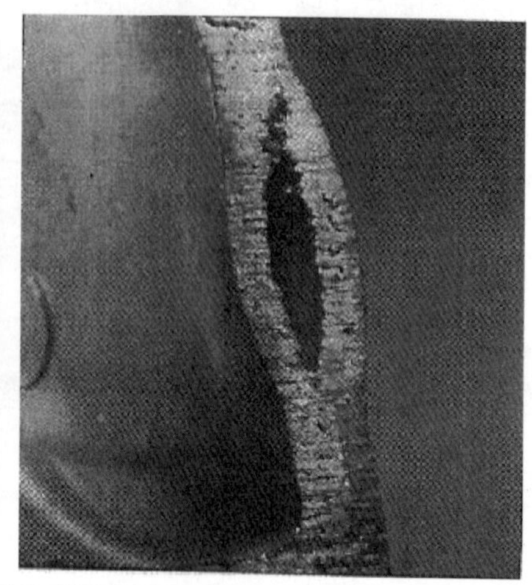

可能原因：	改善對策：
● 捲入鑄件的氣體受熱膨脹後使鑄件表面變形 ● 離型劑使用太多 ● 流道設計不良 ● 熔湯未除氣	● 減少捲氣 ● 減少噴霧或柱塞油用量 ● 改良流道排氣設計

短填 (lack of fill)

特徵：

鑄件尺寸與外型呈現未成形之狀態。

可能原因：	改善對策：
● 熔湯或模具溫度過低 ● 充填時間或路徑太長	● 提高熔湯與模具溫度 ● 縮短充填時間

黏模 (sticking)

<table>
<tr><td colspan="2">特徵：
鑄件取出時，部分鑄件黏附在模具，沒有隨著鑄件取出脫模，形成鑄件表面撕裂破損的現象。</td></tr>
<tr><td>可能原因：
● 離型劑種類或稀釋濃度不正確
● 離型劑用量不足或噴灑部位不良
● 模具溫度太高
● 增壓壓力太大
● 拔模角太小
● 開模時機太晚</td><td>改善對策：
● 改善離型劑種類、濃度、用量、噴灑部位與模式
● 降低模具溫度
● 降低增壓壓力
● 加大拔模角
● 提早開模</td></tr>
</table>

拖模 (drags)

<table>
<tr><td colspan="2">特徵：
鑄件表面具有平行開模方向之長條刮痕，且表面具有受損或變形。
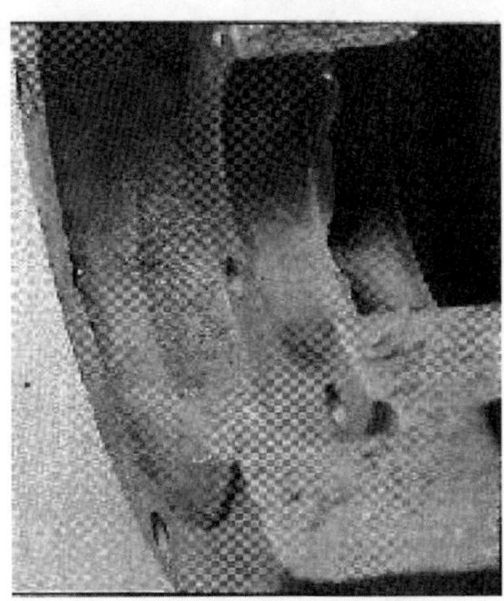</td></tr>
<tr><td>可能原因：
● 模具表面已有損壞
● 模具溫度不均
● 拔模角度不足</td><td>改善對策：
● 修補模具
● 降低產生拖模處的模具溫度
● 加大拔模角度</td></tr>
</table>

細紋(fine flaw) 與裂痕 (cracks and tears)

<table>
<tr><td colspan="2">特徵：
鑄件表面有細微或嚴重的裂紋或破裂的現象。
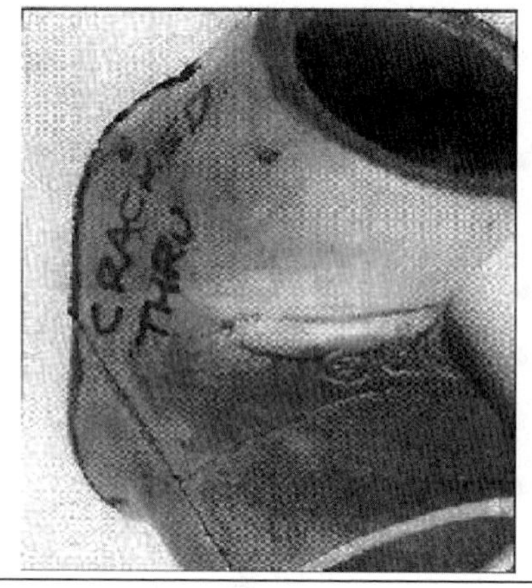 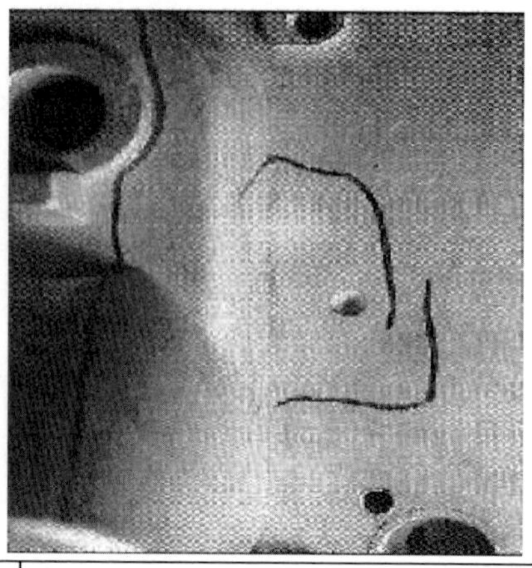</td></tr>
<tr><td>可能原因：
● 模具表面已有裂紋(損壞)
● 鑄件收縮太快(冷卻太快)
● 模具溫度不均
● 熔湯雜質太多</td><td>改善對策：
● 修補模具
● 提高模具溫度
● 控制鑄件冷卻速度
● 改善熔湯潔淨度</td></tr>
</table>

毛邊 (flash)

<table>
<tr><td colspan="2">特徵：
分模線上產生金屬薄片，有時會造成幾何形狀變形或公差過大。
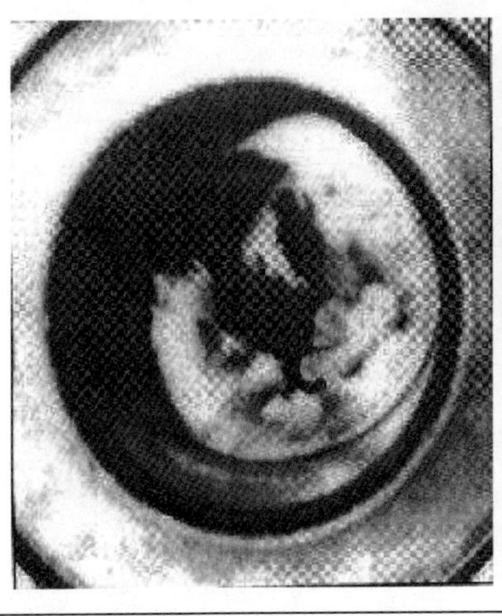 </td></tr>
<tr><td>可能原因：
● 鑄造壓力太大
● 鎖模力不足
● 模具受損變形，合模不良
● 模具溫度不均變形，合模不良
● 壓鑄機機構變形</td><td>改善對策：
● 降低鑄造壓力
● 提高鎖模力
● 檢查模具變形狀況
● 控制模具溫度分布
● 檢查壓鑄機結構狀況</td></tr>
</table>

1-10-4 內部缺陷及改善對策

壓鑄件的內部缺陷如氣孔、縮孔、硬質點與洩漏等缺陷之特徵與改善對策詳述如下：

氣孔 (gas porosity)

特徵：

鑄件內部出現邊緣平滑的孔洞。

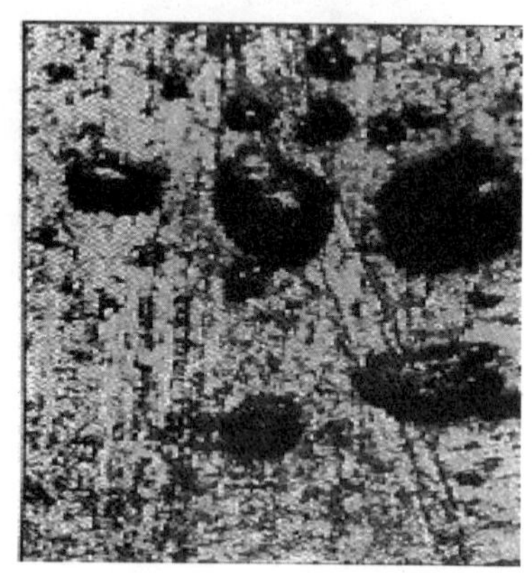

可能原因：	改善對策：
● 捲入過多氣體	● 進行熔湯除氣
● 料管充填率太低	● 改善流道設計
● 柱塞低速速度不適當	● 增加鑄造壓力
● 熔湯含氫量太高	● 降低澆口速度
● 流道設計不良	● 選擇適當的柱塞低速段的速度
● 鑄造壓力太小	● 降低澆口速度
● 澆口速度太快	● 提高料管充填率
● 柱塞油或離型劑過多	● 適量使用柱塞油與離型劑

縮孔 (shrink porosity)

<table>
<tr><td colspan="2">特徵：
鑄件內部出現邊緣崎嶇銳利的孔洞。
 </td></tr>
<tr><td>可能原因：
● 鑄件各部位冷卻收縮速率差異太大
● 鑄造壓力太低
● 澆口太薄或位置不良
● 鑄件肉厚差異過大
● 模具或鑄件溫度分佈差異太大
(局部過熱)</td><td>改善對策：
● 控制鑄件各部位的冷卻速率
● 提高鑄造壓力
● 改善澆口尺寸或位置
● 改善鑄件幾何設計
● 控制模具溫度分佈</td></tr>
</table>

硬質點 (inclusions)

<table>
<tr><td colspan="2">特徵：
鑄件強度低落，有時表面可以看到明顯流痕。</td></tr>
<tr><td>可能原因：
● 熔湯氧化物太多
● 流道設計不良
● 熔湯受到污染(使用太多廢料)</td><td>改善對策：
● 改善熔湯潔淨度
● 改善流道設計
● 使用除渣劑清除熔湯中的氧化物</td></tr>
<tr><td colspan="2">特徵：
鑄件內部的氣孔、縮孔或裂痕過多，造成鑄件無法隔絕氣體或液體，形成流體洩漏的現象。</td></tr>
<tr><td>可能原因：
● 氣孔或縮孔太多
● 鑄造壓力太低
● 模具或鑄件溫度分佈差異太大</td><td>改善對策：
● 改善捲氣狀況
● 提高鑄造壓力
● 控制模具與鑄件的溫度分佈狀況</td></tr>
</table>

1-10-5 鑄件檢測方式

大部分的外部缺陷都可直接徒手或以肉眼觀察判斷，而內部缺陷除了破壞性的檢測方式(如拍攝金相、拉力試驗或衝擊試驗)進行檢查以外，只能透過 X-ray 或超音波等非破壞性的檢測方式進行檢驗。非破壞性檢測的成本較為昂貴，除非有特別要求，否則一般只會針對產品進行外觀與抽樣進行破壞性檢驗。

1-10-6 缺陷與對策之關連性

由 1-10-2 鑄件缺陷描述和對壓鑄製程的瞭解，我們可以發現，單一原因可能形成多種鑄件缺陷，透過調整壓鑄製程參數，改善某個缺陷後，可能造成其他缺陷的形成。

參考文獻

1. JT. Black et al. “DeGarmo’s Materials and Processes in Manufacturing”. Wiley, 10th edition, 2008.

2. Doeler, H. “Die Casting”. McGraw-Hill, 1951.

3. Rachel C. “An Automated State of Mind”. Die Casting Engineer, NADCA, 2005.

4. PACE INDUSTRIES http://www.paceind.com/die-casting-101

第二章　壓鑄合金

依據產品的要求與不同的使用條件，選擇適合的合金，壓鑄常用的合金爲鋁合金、鎂合金、鋅合金、銅合金、鉛合金及錫合金，其中以鋁合金、鎂合金及鋅合金使用最爲廣泛。表 2-1 爲各種常見壓鑄合金性質比較。同一合金不同的元素比例，使得合金的特性與應用場合有所不同。本章介紹壓鑄合金的特性，並且從合金成分觀點解釋合金性質。

表 2-1　壓鑄合金性質比較

	優點	缺點
鋁合金	密度小 (約 $2.7g/cm^3$) ，導熱及導電性優良，無時效變化，低溫時不影響機械性能及耐蝕性，回收容易，可回熔再製造	容易侵蝕模具、熔損模具
鎂合金	壓鑄用合金中密度最小，約爲鋁合金的 66 %，熱擴散率高、比強度高、切削性佳	接觸空氣和水發生劇烈燃燒，生產危險性高。廢料不易回收
鋅合金	壓鑄用合金中流動性最佳，易於製造外型複雜的製品	潛變性強，易發生時效變形，尺寸精度不穩
銅合金	壓鑄用合金中流動性次佳，強度、耐磨性、耐蝕性皆優良	熔融溫度高 (攝氏 840 ~ 930℃)，模具壽命短

2-1 壓鑄合金與壓鑄品的基本特性

壓鑄合金應具備的特性包括：

1. 優良的鑄造性：熔點低或固相線溫度低，以及良好的流動性和充填性。
2. 凝固時不易產生缺陷：體積收縮率小、等溫凝固比率大。不易產生縮孔或熱裂，才能達到產品精度高。
3. 不易與模具反應：與金屬模具的附著力小，不易黏模。提高模具壽命、製品良率。和鐵的化學親和力小，減少侵蝕模具的程度。

壓鑄品應具備的特性包括：

1. 優良的機械、物理、化學性質： 機械強度好、導熱性佳、耐腐蝕性優良。
2. 優良的高溫機械性質：取出時不易變形。
3. 廣泛的產品應用層面：耐磨耗性好、切削性良好、易於表面處理、經濟性。

2-1-1 潛熱 (Latent Heat)

純金屬液態變固態的冷卻曲線如圖 2.1，純金屬自熔融狀態開始冷卻，冷卻過程經歷一等溫相變化，此過程所釋放之熱量為潛熱 (latent heat)。然而合金液態變固態不為等溫過程，例如 ADC1 合金存在一溫度區間 (共析合金除外) 如圖 2.2，在此範圍內液相、固相共存，過程釋放之潛熱為各元素所佔成份比之和。

表 2-2 為壓鑄合金中元素熔點與潛熱，值得注意的是鋅和鎂純金屬之單位體積之潛熱相近，而且遠低於鋁，故其合金在壓鑄充填時間、模具冷卻水道、生產週期 (cycle time) 之考量相近。

常用壓鑄合金，主要成份為二元素或三元素之合金，如表 2-3 列舉壓鑄鋁合金主要為 Al-Si、Al-Si-Cu、Al-Si-Mg 或 Al-Mg。研究各元素同時對一合金之影響非常複雜，所以先探討二元合金 (binary alloy) 的特性，再考量其它元素之影響。如：Al-Si-Cu 則分別對 Al-Si 和 Al-Cu 做研究。

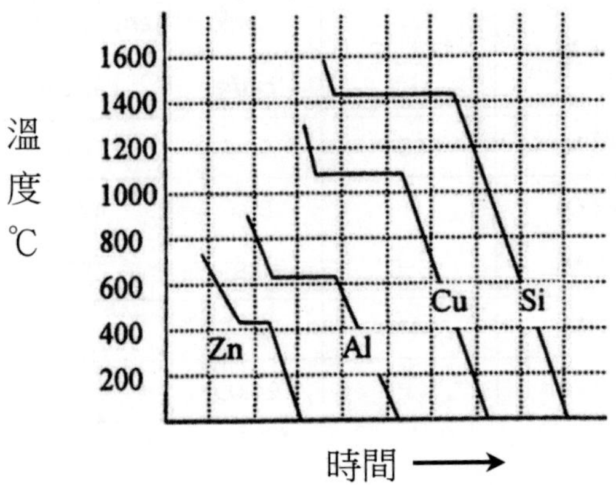

圖 2.1　純金屬液態變固態的冷卻曲線

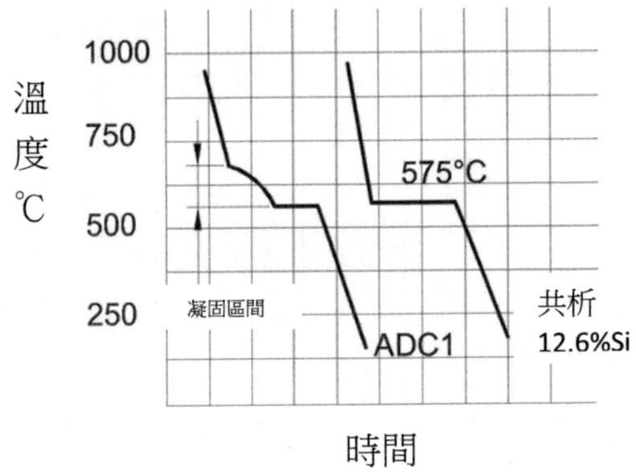

圖 2.2　ADC1 合金液態變固態的冷卻曲線

表 2-2 壓鑄合金中元素熔點與潛熱

元素	熔點℃	潛熱 (latent heat)	
		cal/g	cal/cm^3
鋁 Al	660.2	94.6	261.2
銅 Cu	1083	50.6	425.6
鎂 Mg	650	89	153.7
矽 Si	1430	237	--
鋅 Zn	419	24.09	153.7

表 2-3 壓鑄鋁合金之化學成分表

JIS	Si	Cu	Mg	Zn	Fe	Mn	Ni	Sn	Al
ADC1	11.0 -13	1.0	0.3	0.5	0.9	0.3	0.5	0.1	其餘
ADC3	9.0 -10.0	0.6	0.4 -0.6	0.5	0.9	0.3	0.5	0.1	其餘
ADC5	0.3	0.2	4.1 -8.5	0.1	1.1	0.3	0.1	0.1	其餘
ADC6	1.0	0.4	2.5 -4.0	0.1	0.5	0.4	0.4	0.1	其餘
ADC10	7.5 -9.5	2.0- 4.0	0.3	1.0	0.9	0.5	0.5	0.1	其餘
ADC12	9.6 -12.0	1.5- 3.5	0.3	1.0	0.9	0.5	0.5	0.1	其餘

表 2-4　各種壓鑄鋁合金特性表

種類	JIS	參考 合金系列	特性
一般壓鑄鋁合金	ADC 10	Al-Si-Cu	具有機械構造用特性 切削及鑄造性優良
	ADC 10Z	Al-Si-Cu	與 ADC 10 有相同機械構造特性，但鑄造脫模性及耐腐蝕性較差
	ADC 12	Al-Si-Cu	具機械構造特性 切削及鑄造性優良
	ADC 12Z	Al-Si-Cu	與 ADC 10 有相同機械構造特性，但鑄造脫模性及使用耐蝕性較缺乏
特殊壓鑄鋁合金	ADC 1	Al-Si	耐腐蝕性、鑄造性優良，但耐力性較低
	ADC 3	Al-Si-Mg	耐衝擊性及耐力性優良 耐腐蝕性與 ADC 1 相當，但不易於鑄造
	ADC 5	Al-Mg	耐腐蝕性優良 耐張力、衝擊值高但較不易於鑄造
	ADC 6	Al-Mg	耐蝕性次於 ADC 5 但易鑄造性較 ADC 5 優良

2-2　常用壓鑄合金

2-2-1　壓鑄鋁合金

壓鑄鋁合金具有密度小、強度高、耐腐蝕性優良等優點，爲目前壓鑄合金使用量最大之材料。

壓鑄鋁合金的種類與特性：

壓鑄鋁合金具有質輕 (密度 2.63~2.7g/cm^3) ，良好的耐腐蝕性、導熱性及導電性，無自然時效變化，對溫度不敏感之特性。但是鋁對鐵的親和性高，加上鋁合金壓鑄作業溫度約在 650℃，因此鋁合金熔湯容易對模具表面造成侵蝕及熔損。

JIS 標準中壓鑄鋁合金有 ADC1、ADC3、ADC5、ADC6、ADC10、ADC12 等。表 2-3 為壓鑄鋁合金之化學成分表。

實際生產量之統計：ADC12 合金是壓鑄廣泛使用的鋁合金，在 Al-Si 合金添加 Cu 合金元素，其鑄造性和機械性質優良，生產量約佔 70%；ADC10 約佔 25%，而其他規格鋁合金僅佔約 5% 程度，表 2-4 為各種壓鑄鋁合金特性表。

(1) Al-Si 合金

矽 (Si) 為鋁合金中最重要的元素，增加矽含量可以增加熔湯的流動性。亞共析鋁矽合金 (hypoeutectic aluminum-silicon alloy，矽含量 ＜12.6%)，凝固冷卻過程先析出鋁 (α 相) 基地，直到熔湯中 Si 含量達到共析組成 12.6%，才為等溫凝固並析出共晶組織；過共析鋁矽合金 (hypereutectic aluminum-silicon alloy 矽含量 ＞12.6%)，凝固冷卻過程先析出矽直到矽含量降低到共晶組成 12.6%。

矽元素性質硬且脆，應避免鋁合金基地 (matrix) 中存在大塊的矽，減少對鑄件造成不良的影響。由於壓鑄製程中熔湯的快速冷卻，矽之尺寸通常細小而且散佈均勻。實驗顯示調質可將較不佳之針狀或片狀共析組織打散成球狀，改善鑄件延性及機械加工性。亞共析成份之鋁合金可添加 0.001% ~ 0.003% 鈉 (Na)、0.1% ~ 0.2% 鍶(Sr)、0.001% ~ 0.003% 鈣 (Ca) 或 0.1% 銻 (Sb) 改善鑄件組織；過共析成份之鋁合金因先析出矽 (Si)，添加 0.01% ~ 0.03% 的磷 (P) 可以改善組織。

高溫強度為合金在固相線溫度以下可以表現出足夠強度的能力。壓鑄量產的週期時間短、生產速度快，若能在鑄件高溫時頂出則可以縮短生產週期時間，提高生產量。增加矽含量可幫助鑄件高溫強度的提升。矽亦可大幅降低鑄件凝

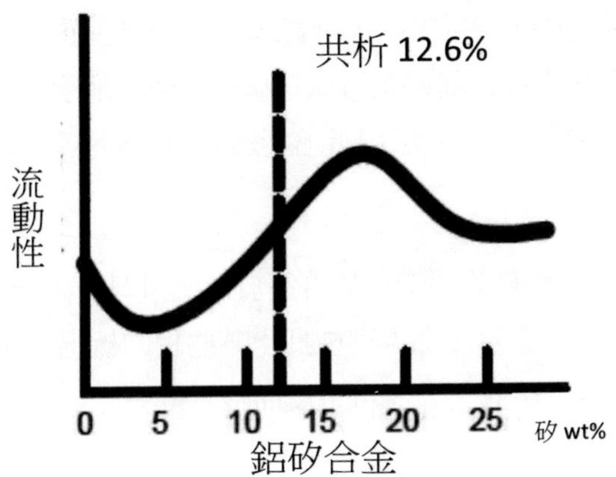

圖 2.3　矽對鋁矽合金湯流動性的影響

固收縮量，降低縮孔問題發生率，因此對於有氣密性要求的鑄件，矽含量非常重要。另外矽對熔湯流動性亦有幫助如圖 2.3，因其高潛熱特性與最高流動性發生在過共析處而非共析處。雖然增加矽含量可以降低收縮量，幫助達成氣密性要求，但是對於厚薄不均之鑄件，矽含量過高反而會阻礙壓力之傳遞，實驗顯示矽含量 9% 之 A380 反而較矽含量 11% 之 A383 縮孔少。

矽含量增加，鑄件的機械強度、硬度隨著增加 (如表 2-5)，但導電性會降低 (如表 2-6)。矽的硬度很高，過共析鋁合金 (ADC14) 具有高耐磨性，可與鑄鐵匹比，常使用在活塞、引擎本體。Al-Si 合金耐蝕性極佳，僅略遜於 Al-Mg 合金。陽極處理可提高耐蝕性，但是鑄件的成分含矽，處理後的表面呈灰黑色，突顯壓鑄流紋。

(2) Al-Cu 合金

Al-Cu 合金凝固過程中在固相線溫度攝氏 548℃ 時，銅在鋁中之固溶量為 5.65%，而室溫時固溶量降低至 0.5%，因此銅有益於 Al-Cu 合金熱處理之效果。

ADC10 於壓鑄生產之後，隨時間增加鑄件的強度與硬度逐漸變高、韌性變差，原因在於銅會漸漸析出，所以整平、矯直鑄件作業須在壓鑄後 24 小時以內完成。對於尺寸精度要求很高之鑄件，可以在攝氏 154℃ 保持 3 到 5 小時做強迫時效硬化處理，減低 24 小時之後因銅析出所造成的變形；若延長為 8 小時則可完全免除變形。

銅可提高高溫強度，鑄件使用環境溫度高於攝氏 121℃，一般銅含量建議為 3～5%。由於壓鑄製程之急速冷卻過程會抑止某些相的析出，所以銅含量為 3～4% 反而抗熱裂性較差，略低之 383 合金反而較 380 好。Cu 含量亦能增進流動性但效果不若 Si 顯著。

表 2-5　壓鑄鋁合金機械性質表

JIS	抗拉強度 (MPa)	降伏強度 (MPa)	伸長率 (%)	剪應力 (MPa)	疲勞強度 (MPa)
ADC1	296	148	2.5	170	134
ADC3	301	170	2.5	190	138
ADC5	310	193	5.0	205	160
ADC6	152	62	6.0	200	140
ADC10	324	159	3.5	185	138
ADC12	310	152	3.5	187	145

銅含量過高使得鋁合金之防蝕能力變差。類似陰極防蝕法之機制，鋁化學活性較高會犧牲自己以保護固溶其中之銅，因此銅含量越高，該鋁合金之防蝕能力越差。注意鋁合金對強鹼性溶液或環境防蝕能力很差。船用鋁合金 364 其銅含量都低於 0.2% 以適用於海水防蝕。廚具用品常要求銅含量低於 0.3% 以避免銅與水中之氯化合產生斑點。電氣接頭或外殼則因防爆安全考量常要求銅含量低於 0.4%。一般而言，銅含量低於 1.0% 就有優良的防蝕表現，高於 1.0% 稱為高銅鋁合金，低於 1.0% 稱為低銅鋁合金。

表 2-6　壓鑄鋁合金物理性質表

	熔點 (°C)	密度 (g/cm^3)	導熱率 (W/m-K)	導電率 (以銅為標準 %)	硬度 HBN (10/500)
ADC1	574 - 582	2.66	121	31	80
ADC3	557 - 596	2.68	113	29	75
ADC5	535 - 621	2.57	96.2	24	80
ADC6	599 - 640	265	138	--	35 - 65
ADC10	538 - 593	2.71	109	23	80
ADC12	516 - 543	2.70	96.2	23	75

(3) Al-Mg 合金

鎂 (Mg) 非常容易氧化、流動性不佳、凝固收縮大，除非熔解技術與模具設計良好，否則很難避免壓鑄品表面產生流紋。壓鑄合金中 Al-Mg 合金系列只有二種合金而且使用量很少。

氯氣或氯氣加氮氣為良好之去氧化物之方法，固體除渣餅(不可含鈉)去氧化物的效果較差。鈹 (Be) 含量控制在 0.02 ~ 0.04% 之間可抑制氧化程度，氧化鈹 (BeO) 具有毒性，使用應注意環境通風。

Al-Mg合金鑄件之機械性質、機械加工性、防蝕性、延性皆為上乘之選。增加鎂含量，鋁合金抗拉強度和硬度都上升。380 被規定鎂含量為 0.3 ~ 0.5%，換句話說，鎂可以提高鑄件的強度、硬度、機械加工性。

(4) Al-Si-Cu、Al-Si-Mg 三元合金

三元合金為二元合金特性折衷的合金。壓鑄最常用的合金為 Al-Si-Cu 系列三元合金，其主要組成為鋁、矽、銅，故合金性質為前述二元合金 Al-Si、Al-Cu 的折衷綜合體。ADC12 相較 ADC10 因銅含量略低、矽含量略高在各方面有較優的性質，為目前壓鑄產品最常應用的合金。

Al-Si-Mg 合金具有良好的強度、耐蝕性和延性。此類合金中會析出矽化鎂 (Mg_2Si)。在高溫時 (攝氏 639℃) 矽化鎂的固溶量爲 1.85%，室溫時則爲 0.25%。矽化鎂具有提高合金硬度、強度的作用，但會降低合金的延性。合金中鎂的含量需大於 0.2%才有效果。ADC3 的高溫強度與 ADC10 相當，耐腐蝕性好、可生產有氣密性要求的鑄件。ADC3 也會時效硬化，但程度較含銅合金低。

1. 合金元素對壓鑄鋁合金特性之影響：

本章節將針對壓鑄合金當中含的元素，來介紹其特性及對壓鑄鋁合金的影響，表 2-7 爲壓鑄鋁合金其他元素作用一覽表。

表 2-7 壓鑄鋁合金元素特性

元素名稱	作用	元素名稱	作用
銅 Cu	增加硬度及利於切削	矽 Si	增加流動性，易形成硬點、裂紋
鎂 Mg	耐腐蝕	鋅 Zn	增加硬度
鐵 Fe	幫助脫模，但易形成硬點	鉛 Pb	爲有害物質，易形成氧化膜
錳 Mn	增加硬度、強度	鎳 Ni	增加高溫強度(例如使用在活塞)
錫 Sn	增加耐磨性	鈦 Ti	結構細化

(1) 純鋁

純鋁延性高，沒什麼強度。高純度鋁其凝固收縮高達 6.6%，通常只用於馬達轉子之壓鑄。99.3% 純度之鋁，其導電率 (conductivity) 爲標準銅之 54%。其它雜質爲鐵 (Fe) 和矽 (Si)，其作用目的有防止黏模、提升高溫強度等。

(2) 矽

矽是壓鑄鋁合金中最重要的添加成分，Al-Si 合金之耐蝕性、導熱性、導電性皆良好。壓鑄鋁合金加矽主要目的爲提高熔湯的流動性，當矽含量達到 12% 時，流動性是亞共析合金中最好的。當合金中含矽量超過共晶成分，同時銅、鐵等雜質過多時，則會出現游離矽的硬質點，使切削加工困難。

(3) 鋅

因鋁合金大多爲回熔的鋁，寬鬆的雜質標準下，鑄錠的價格相對便宜。在 Al-Zn二元合金的試驗中，室溫時鋅的最大固溶量爲 2%，故壓鑄鋁合金規範中鋅含量在 3% 以下。超過 3% 以上會造成鑄件高溫強度不足、在模中或頂出時發生熱裂。

(4) 銅

銅添加於鋁合金之中，可增加熔湯之流動性、抗拉強度及提高機械加工性。但會降低高溫韌性及耐蝕性。

(5) 鎂

添加鎂主要目的爲提高耐蝕性。增加鎂含量可提高耐蝕性，但會降低流動性、延展率及高溫強度。對於薄且形狀複雜、大型製品，因流動性不佳在製造上比較困難。

(6) 鐵

添加少量的鐵可增加鋁合金的強度、硬度，幫助提升高溫強度以避免鑄件熱裂。鋁有親鐵性，會侵蝕模具。合金中鐵含量控制在 0.7% ~ 1.2%，可減輕鐵坩鍋、模具被鋁合金熔蝕。重力鑄造只要些微的鐵含量 (> 0.2%) 就會產生易脆的鐵化合物組織，而壓鑄製程因爲快速的冷卻速率，限制了含鐵化合物的大小和形狀。但是鐵含量超過 1.2% 時，仍會形成體積大、片狀有害的鐵化合物，減低熔湯流動性與鑄造性。鐵含量在 1.5% ~ 2.0% 時，可藉由添加錳、鉻抑制有害針狀組織$FeAl_3$ (圖 2.4) 的形成，而成爲較無害的中文字形鐵錳化合物(圖 2.5)。但須注意熔湯沈渣 (sludge) 的形成。

鐵、錳、鉻化合物會造成加工切削的問題，並且影響熔湯的流動性。另外因爲化合物的密度較鋁液高，最終會沈澱，原先鋁液中的鐵含量變少，則容易發生鑄件頂出時黏模。

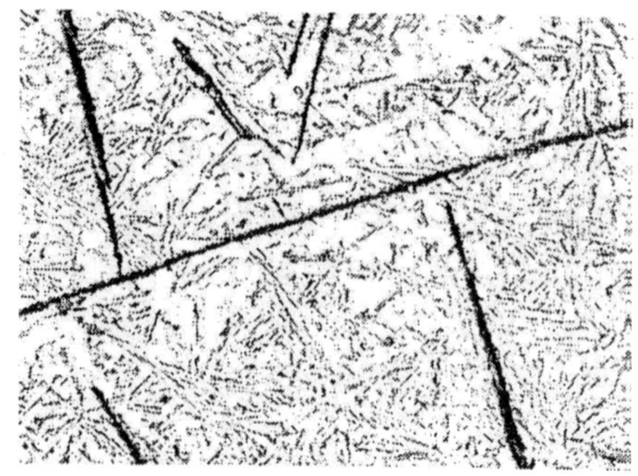

圖 2.4　338 合金之金相組織，針狀的鐵組織，鐵含量 2%

(圖片來源：壓鑄模具設計手冊，金屬工業研究發展中心)

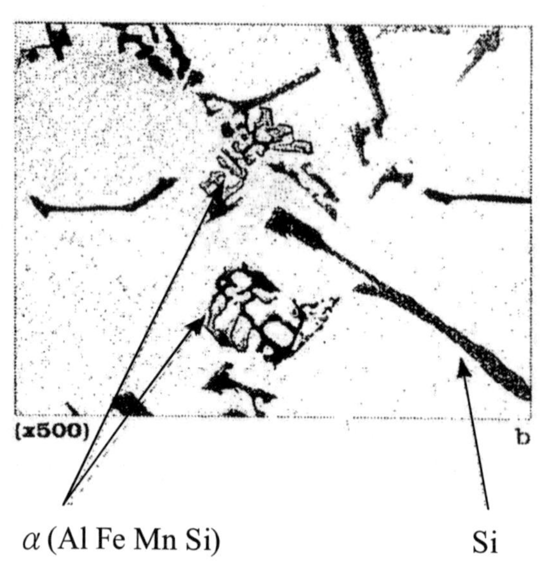

圖 2.5　中文字形鐵錳化合物 (383 合金之金相組織)

(圖片來源：壓鑄模具設計手冊，金屬工業研究發展中心)

2. 熱處理：

本節針對壓鑄合金中的元素，來介紹其特性及對壓鑄鋁合金的影響。鋁合金常用熱理代號如表 2-8。

表 2-8 鋁合金常用熱處理代號

代號	狀態	代號	狀態
-F	製造狀態（軋延、擠製、鑄造）	**-T1**	從鑄造狀態冷卻後，施以自然時效者
-O	完全退火（退火至最低強度，僅用於鍛造材料）	**-T2**	從鑄造狀態冷卻後，施以完全退火者
-H	應變硬化，指鍛製品之加工硬化	**-T3**	固溶化後，施以冷加工使其硬化者
-H1n **-H2n** **-H3n**	僅受加工硬化(strain hardened) 加工硬化後施以適度的退火 加工硬化後施以低溫安定化處理 n 表示加工硬化的程度： n=0 為完全退火之強度； n=2 為 20%(1/4 硬質)； n=4 為 40%(1/2 硬質) ； n=6 為 60%(3/4 硬質)； n=8 為 80%(硬質)； n=9 為 90%(超硬質)；	**-T4**	固溶化後，施以自然時效至安定狀態者
		-T5	從鑄造狀態急冷後，施以人工時效者
		-T6	固溶化後，施以人工時效者
		-T7	固溶化後，施以安定化處理者
		-T8	固溶化後，施以冷加工再人工時效者
		-T9	固溶化後，施以人工時效，再冷加工者
		-T10	T5 後，施以冷加工者
-T	施以 F、O、H 以外之熱處理使安定化	**-W**	固溶化後，再進行自然時效硬化 1/2 小時者

鋁合金常用的熱處理方式及其目的：

(1) 浸熱 (soaking) 或均質化處理 (homogenizing)：預熱長時間之加熱處理，使鑄塊組織均質化。

(2) 退火 (annealing)：軟化材料。

(3) 固溶化處理 (solution treatment)、淬火 (quenching)、回火 (aging or tempering)：提高材料強度。

(4) 安定化處理 (stabilizing treatment)：消除殘留應力。

3. 產品應用例：

生活中常見的壓鑄鋁合金產品如表 2-9。

表 2-9 壓鑄鋁合金產品應用例

用途	應用例
汽車	幫浦蓋、引擎裝載板、發電機外殼、油盤、氣缸本體、增壓機 (外殼與壓縮器)、點火外殼、散熱器風扇、氣壓式煞車活塞、車用冷氣汽缸體、離合器外殼、液態變速器外殼、鋁圈蓋、發電機固定托架、變速桿、反射鏡
機車	避震器外殼、側蓋、曲軸箱、曲軸箱蓋、氣缸體、氣缸頭、傳動軸外殼、煞車分泵、煞車壓力器、鍊條箱
泛用引擎	氣缸壓縮筒、變速箱、連桿
影像機器	VTR 框架、VTR 主體、VTR 攝影機、鏡體、放映台、CD 托台
電腦關聯	底板、磁碟機框架、讀寫頭
通信機器	無線電話框架、衛星放送天線導波管、電線端子
廚房機器	電熱氣加熱本體、瓦斯爐、風扇電熱器汽化筒
馬達	外殼、裝載托架、軸承
照相機	本體、前板鏡片箱
顯微鏡	臂體、雙鏡筒、反射框、反射片

2-2-2 壓鑄鎂合金

鎂合金爲壓鑄合金中，比重最輕之合金，而且抗拉強度高，導熱度優良，所以適合用於航空器材之零件、精密儀表零件、高級相機零件等各種零件。各種壓鑄鎂合金特性如表 2-10。壓鑄鎂合金之化學成分如表 2-11。

1. 壓鑄鎂合金的種類與特性：

鎂合金的比重爲 1.8，約爲鋁合金的 66%，如表 2.13。導熱度高，振動吸收性優良。彈性模數低，但比強度大，切削性佳，具良好的機械加工性。液態時流動性好，適合成形薄壁之鑄件。

壓鑄鎂合金在生產時，溫度控制最爲重要，高溫時容易氧化，所以適當的壓鑄溫度約爲攝氏 660~680℃，而且模具溫度需控制在攝氏 200℃左右。模具溫度過高時，鑄件表面易生成氧化膜，使得鑄件表面較爲粗糙，而模具溫度太低，則表面易產生流紋及鑄孔，所以設計模具時要特別注意採取適當的因應對策。

表 2-10 各種壓鑄鎂合金特性表

ISO	ASTM	特性
MgAl9Zn1(B)	AZ91B	耐蝕性較 AD91D 稍差，機械性質佳
MgAl9Zn1(A)	AZ91D	耐蝕性優，其他與 AZ91B 相同
MgAl6Mn	AM60B	伸長率與韌性佳，鑄造性稍佳
MgAl4Si	AS41B	高溫強度佳，鑄造性稍差
MgAl5Mn	AM50A	伸長率與韌性佳，鑄造性稍差
MgAl2Mn	AM20A	伸長率與韌性極佳
MgAl2Si	AS21A	高溫強度佳，鑄造性稍差

表 2-11 壓鑄鎂合金之化學成分表

	Al	Mn	Zn	Si	Cu	Ni	Fe	Mg
AZ91A	8.3-9.7	0.13-0.5	0.35-1.0	0.5	0.1	0.03	--	其餘
AZ91B	8.3-9.7	0.13-0.5	0.35-1.0	0.5	0.35	0.03	--	其餘
AZ91D	8.3-9.7	0.15-0.50	0.35-1.0	0.1	0.03	0.002	0.005	其餘
AM60A	5.5-6.5	0.13-0.6	0.22	0.5	0.35	0.03	--	其餘
AM60B	5.5-6.5	0.24-0.6	0.22	0.1	0.01	0.002	0.005	其餘
AM50A	4.4-5.4	0.26-0.6	0.22	0.1	0.01	0.002	0.004	其餘
AS41B	3.5-5.0	0.2-0.5	0.12	0.5-1.5	0.06	0.03	--	其餘

鎂合金抗腐蝕性極差，易受酸、鹼及潮濕空氣侵蝕或氧化，成形之後製品表面容易變色，需作塗層等表面防蝕處理。

2. 合金元素對壓鑄鎂合金特性之影響：

本節針對壓鑄合金當中含的元素，來介紹其特性及對壓鑄鎂合金的影響，壓鑄鎂合金中以 AZ91D 強度最高。壓鑄鎂合金之機械性質如表 2.12。AZ91D 為高純度之鎂合金，有良好之耐蝕性、鑄造性，為目前最常用之鎂合金。耐蝕性歸因於對合金成份中的鐵、銅、鎳等有害物質嚴格控制的結果。汽車、電腦零件、運動器材、手工具為典型用途。

表 2-12　壓鑄鎂合金之機械性質表

	降伏強度 (MPa)	抗拉強度 (MPa)	伸長率 (%)	剪應力 (MPa)	疲勞強度 (MPa)
AZ91A	150	230	3	140	97.0
AZ91B	150	230	3	140	97.0
AZ91D	150	230	3	140	97.0
AM60A	131	241	13	--	--
AM60B	131	241	13	--	--
AS41B	138	214	6.0 - 15	--	--

表 2-13　壓鑄鎂合金之物理性質表

	熔點 (°C)	密度 (g/cm^3)	導熱率 (W/m-K)	導電率 (以銅爲標準 %)	硬度 HBN (10/500)
AZ91A	421	1.81	72.7	--	63
AZ91B	421	1.81	72.7	--	63
AZ91D	421	1.81	72.7	26	63
AM60A	435	1.80	61.0	--	65
AM60B	435	1.80	61.0	26	65
AS41B	580	1.776	68.0	26	60

AM60B、AM50A 和 AM20 適用於需良好延性、耐衝擊性的應用場合。AM 延性高、吸收振動能力好。合金成份因鋁的減少，延性提升，相對地犧牲強度及鑄造性。典型用途為汽車內裝、方向盤、椅框、儀錶板架。AS41B 和 AE42 應用於較高溫場合，其機械性質較其它鎂合金材穩定，抗潛變性良好。AE 相較於 AS 鋁較少，其延性及抗潛變較佳。

(1) 鋁

鋁可增加壓鑄鎂合金的抗拉強度及硬度，但鎂合金壓鑄件一般不作為結構件，鋁含量小於 10%。

(2) 鋅

鋅可改善用鎂合金之機械性質及流動性，增加壓鑄性能，同時可減少鐵、鎳等金屬對鎂合金的腐蝕作用。鋅含量以 1% 為上限，太高則會發生高溫脆性，造成鑄件龜裂之現象。

(3) 矽

矽可改善材料之流動性，增加鑄造性能，但含量必須控制在 0.5% 以下。

(4) 鋇、鎘

在壓鑄鎂合金材料中，添加極微量鋇及鎘元素，可抑制熔解狀態鎂的燃燒，防止氧化。

3. 稀土元素對壓鑄鎂合金特性之影響：

稀土元素是元素周期表中鈧、釔及鑭系元素總共 17 種元素的合稱。多數的稀土元素和鎂的原子半徑差距在 15% 以內，稀土元素在鎂合金中具有良好的固溶強化和析出強化作用，可以有效地改善合金組織結構，提升高溫強度、潛變性能、減少銲接裂紋 (weld cracking) 及鑄件氣孔 (porosity)，缺點是鑄造成本較高，可能降低壓鑄性、抗腐蝕性與疲勞強度等影響。

表 2-14 壓鑄鎂合金其他元素作用一覽表

元素名稱	作用	元素名稱	作用
鋁	增加機械強度、抗腐蝕性、鑄造性	銅	降低耐蝕性、造成雜質過多
鋅	增加強度、抗腐蝕性、鑄造性、抗潛變	鐵	降低耐蝕性、造成雜質過多
錳	抑制鐵析出、改善耐蝕性	鎘	防止氧化及抑制鎂燃燒
矽	提升高溫強度、耐磨性、鑄造性	鋇	防止氧化及抑制鎂燃燒
鎳	降低耐蝕性、造成雜質過多	鈹	降低鎂合金熔化時的氧化速率

4. **產品應用例：**

表 2-15 壓鑄鎂合金產品應用例

用途	應用例
汽車零件	車座支架儀表板及托架、電動窗馬達殼體、升降器及輪軸、電框、油門踏板、音響殼體、後視鏡架
自行車零件	避震器零件、車架、曲柄、花鼓、輪圈、煞車手把
電子通訊	筆記型電腦外殼、MD 外殼、行動電話外殼、投影機外殼
航太國防	航空用通信器和雷達機殼、飛機起落架輪殼、靶機零組件
運動用品	網球拍、滑雪板固定器、球棒、射弓之中段與把手
其他	手提電動鋸機殼、釣魚自動收線匣、控制閥、相機機殼、鏡頭轉環、攝錄放影機殼、釘槍外殼

2-2-3 壓鑄鋅合金

壓鑄鋅合金因機械性質佳、強度高及延展性好，液態流動性最佳，適合生產薄而複雜之鑄件，所以多數應用於汽車中之薄而複雜之零件，如表 2-16，以及日常用品或玩具等。

1. 壓鑄鋅合金的種類與特性：

壓鑄鋅合金是一般壓鑄合金當中流動性最佳的合金，適用於薄且形狀複雜之鑄件，機械性質佳，強度僅次於銅合金，但潛變性強，易發生時效變形，尺寸精度不穩定。所以尺寸精度要求高的鑄件在成形後，要加熱至 100℃保持 3～6 小時，回火處理可改善。

壓鑄鋅合金之鑄造溫度相當低，但鑄造溫度範圍小，約在 430℃上下，超過 450℃後合金組織粗化，影響衝擊強度及韌性。此外壓鑄時壓力不可過低，當壓力低於 100Kg/cm^2 時，鑄件內部容易產生縮孔。

2. 合金元素對壓鑄鋅合金特性之影響：

本節探討壓鑄鋅合金中的元素特性以及對鋅合金的影響，鋅合金對成份的要求最爲嚴苛，高純度的鋅可減少鎂成份的需求。鎂可抑止其它雜質所造成的晶界腐蝕效應，但本身卻會減低高溫強度、延性、流動性。

晶界腐蝕現象爲某元素超過鋅合金容許固溶量後在晶界析出，若又恰處在潮濕環境便會產生晶界腐蝕 (granular corrosion)，此伴隨膨脹現象最後造成鑄件支解。造成晶界腐蝕的原素有砷 (As, Arsenic)、鉍 (Bi, Bismuth)、鈣 (Ca, Calcium)、銦 (In, Indium), 鉛(Pb, Lead)、汞(Hg, Mercury)、硒 (Se, Selenium)、鈉 (Na, Sodium)、鉭 (Ta, Tantalum)、鉈 (Tl, Thallium)、釷 (Th, Thorium)、錫 (Sn, Tin)、鎢 (W, Tungsten)等，現今之高品級鋅合金已少見上述雜質。ASTM、SAE 等規範有訂定鉛、鎘、錫之上限含量，鉛：0.005% max、鎘：0.004% max、錫：0.003% max，只要鎂含量 0.02% 便足以防止晶界腐蝕現象發生。

鋅合金之凝固收縮率爲 7.28%，高於鋁之 6.6%，故產品設計應避免厚斷面，儘量保持均勻壁厚。

表 2-16　壓鑄鋅合金產品在汽車上的應用

用途	應用例
汽車零件	車座支架儀表板及托架、電動窗馬達殼體、升降器及輪軸、電框、油門踏板、音響殼體、後視鏡架

表 2-17　壓鑄鋅合金之化學成分表

記號	化學成分(%) (最大允許值)							
	Al	Cu	Mg	Fe	Zn	雜質		
						Pb	Cd	Sn
ZDC1*1	3.5-4.3	0.75-1.25	0.02-0.06	0.1	餘量	0.005	0.004	0.003
ZDC2*1	3.5-4.3	0.25	0.02-0.06	0.1	餘量	0.005	0.004	0.003
No.2*2	3.5-4.3	2.5-3.0	0.02-0.05	0.1	餘量	0.005	0.004	0.003
No.3*2	3.5-4.3	0.25	0.02-0.05	0.1	餘量	0.005	0.004	0.003
No.5*2	3.5-4.3	0.75-1.25	0.03-0.08	0.1	餘量	0.005	0.004	0.003
No.7*2	3.5-4.3	0.25	0.005-0.02	0.075	餘量	0.003	0.002	0.001
ZA-8*2	8.0-8.8	0.8-1.3	0.015-0.03	0.075	餘量	0.006	0.006	0.003
ZA-12*2	10.5-11.5	0.5-1.2	0.015-0.03	0.075	餘量	0.006	0.006	0.003
ZA-27*2	25.0-28.0	2.0-2.5	0.01-0.02	0.075	餘量	0.006	0.006	0.003

鋅合金中最常用的材料為含鋁 4% (ASTM 規範：3.5% ~ 4.3%) 左右之 3 號鋅合金，此為二元 (binary) 合金。鋁含量低於 3.5% 則流動性不佳、強度低、尺寸安定性較差 (圖 2.6)；高於 4.3% 則衝擊強度變差 (圖 2.7)。其它 5 號、7 號料較少用。5 號料為三元 (ternary) 合金，含 4% 之鋁和 1% 之銅，較 3 號多 1%之銅，強度、硬度增加相對地延性、衝擊性均減低。

Zn-Al 合金之共析成份為鋁含量 5%，其熔點為 382℃。共析成份有最佳之流動性。共析 Zn-Al 合金 (不添加鎂) 主要用於瀝鑄 (slush casting) 鑄造。

(1) 鐵

鋅極易與鐵化合，然而在一般壓鑄溫度狀況下，若成份中鋁含量超過 0.25% 以上，會降低與鐵化合的傾向。溫度越高 (454℃以上) 則鋅的親鐵性越高。壓鑄製程中鋅熔湯會處於高溫，經常造成熔鐵量過高超出規範的 0.1% 上限，而湯杓、保溫爐、鵝頸管都可能是鐵雜質的來源。鐵與鋁形成 $FeAl_3$ 及其它鋁化合物，因為比鋅液密度小最終浮出液面為浮渣而被去除；同時降低了鋅合金中鋁的含量。鋁含量的降低造成流動性降低、流紋增多。鐵若超過 0.1% 則後加工易龜裂。必須注意壓鑄過程溫度不超過 454℃，鐵含量通常可維持在 0.1% 以下。

(2) 銅

銅元素在鋅合金中有增加抗拉強度及硬度的作用，但相對會減少韌性，此外銅對鋅合金會引起時效變化，所以添加的量不宜超過 0.25%。

(3) 鎂

鎂存在的主要目的在抑制晶界腐蝕，在鋅合金中添加鎂可減少鋅合金粒間的腐蝕，當含量超過 0.05% 會降低流動率、增加熱裂可能性、增加硬度、降低延性。

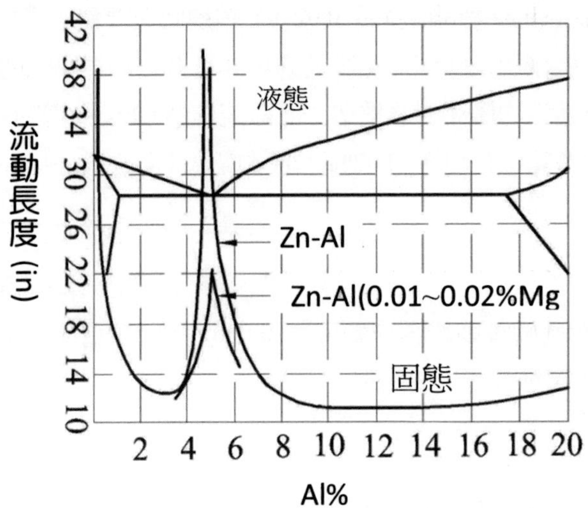

圖 2.6 鋅－鋁合金鋁含量對流動性的影響

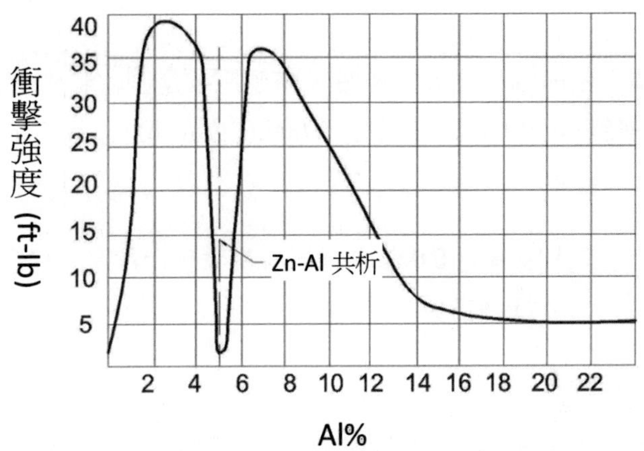

圖 2.7 鋅－鋁合金鋁含量對衝擊強度的影響

(4) 鎳

鎳在鋅合金中之最大固溶量為 0.02%，超過此上限會形成複雜鋁鎳化合物導致表面起泡和機械加工問題。然微量的鎳亦有抑止晶界腐蝕的作用。鎳污染的主要來源有電鍍過的鑄件回收重熔，而除渣作業 (fluxing) 沒有確實。一般良好之作業程序鎳含量不會超過 0.02%，通常電鍍件回收最好另外熔解，除去浮渣後再使用。

(5) 鉛

若鎂含量達 0.02% 則鉛容許量可達 0.005%，仍不會產生嚴重危害，超過 0.005% 會生晶界腐蝕效應造成熱裂。

(6) 鎘

鎘含量 0.1% 會嚴重危害鑄件機械性質，造成浮渣過多，熱裂、鑄造性不佳。不過高品質純鋅錠含鎘量都很低，美國材料試驗協會 (ASTM) 規範之 3 號、5 號鋅合金錠最大鎘含量為 0.004%，在壓鑄上一般而言鎘含量不會達到此數值。

(7) 錫

錫非鋅礦及添加鋁中之天然雜質，來源主要是回收料中含錫箔、錫銲件等。錫會造成熱裂、晶界腐蝕、時效變形 (aging growth)，規範定上限為 0.002%。

(8) 鉻

鉻含量超過最大固溶量 0.02%，會形成複雜化合物浮出鋅合金液面。鍍鉻廢料的回收為最大的雜質來源。

2-2-4 壓鑄銅合金

壓鑄銅合金具有高強度、高耐磨性、高耐蝕性及良好流動性，除了可做結構件外，也可壓鑄生產壁厚極薄之鑄件。

1. 壓鑄銅合金的種類與特性：

純銅熔點 1083℃，黃銅 (銅-鋅合金) 為最易壓鑄之銅合金，其機械性質及化學成份如表 2-18 與表 2-19 。858 為一般用途、低價位、加工性好、軟焊性

(soldering) 好。878 爲三者中強度、硬度、耐磨性最高者，但不易加工性；通常用於高強度、耐磨性要求的地方。878 較 858 有略高之強度，但不易加工。銅潛熱爲 212 J/g，約爲鋁的一半。銅的密度爲鋁之三倍，所以單位體積銅熔化所需之熱量遠大於鋁。

銅合金每公斤的價格又較其它壓鑄合金貴，使得銅壓鑄件在價格上較不具競爭力。然而銅合金的機械性質及耐腐蝕性爲所有壓鑄合金中最高。純銅和 Cu-Sn-Zn-Pb 銅合金 (85-5-5-5) 早被用於水管件、電器、船用用途。

表 2-18　壓鑄銅合金之化學成分表

	Cu	Sn	Pb	Zn	Fe	Al	Mn	Te	Ni
C85700 **(857)**	58.0 -64.0	0.5 -1.5	0.8 -1.5	32.0 -40.0	0.7	0.8	--	--	1.0
C85800 **(858)**	57.0	1.5	1.5	31.0 -41.0	0.50	0.55	0.25	0.05	0.5
C86500 **(865)**	55.0 -60.0	1.0	0.4	36.0 -42.0	0.4 -2.0	0.5 -1.5	--	1.0	--
C87800 **(878)**	80.0 -84.2	0.25	0.15	12.0 -16.0	0.15	0.15	0.15	0.05	0.20
C99700 **(997.0)**	54.0 -65.5	1.0	2.0	19.0 -25.0	1.0	0.5 -3.0	11.0 -15.0	--	4.0 -6.0
C99750 **(997.5)**	55.0 -61.0	0.5 -2.5	--	17.0 -23.0	1.0	0.25 -3.0	17.0 -23.0	--	5.0

表 2-19　壓鑄銅合金機械性質表

	C85700 (857)	C85800 (858)	C86500 (865)	C87800 (878)	C99700 (997.0)	C99750 (997.5)
抗拉強度 (MPa)	344	379	489	586	448	448
降伏強度 (MPa)	124	207	193	344	186	221
伸長率 (%)	15	15	30	25	15	30
衝擊值 (J)	--	54	43	95	--	102
衝擊強度 (J/cm2)	--	--	--	--	--	--
硬度(BHN @500kg)	75	55~60RB	100	85~90RB	125@300kg	110

2.　合金元素對壓鑄銅合金特性之影響：

銅合金雖非共析成份，但其凝固區間都不大。銅鋅合金會析出易受侵蝕的體心結構 β 相，此組織需靠其它合金元素方能抑制其危害。

(1)　錫

錫添加能減少 β 相之產生並使均勻分佈，故可大大提高抗腐蝕性質。

(2)　銻、砷

銻、砷可抑制 α 相之選擇性腐蝕 (selective corrosion)，但過量會造成反效果，故規範制定的範圍為 0.05 ~ 0.1 %。

(3)　鋁、矽

少量鋁、矽可增進耐蝕性、防止氧化、降低殘渣積留模具表面、抑止鋅在壓鑄溫度蒸發及增進流動性。在 858 合金中若鋁含量超過 0.25% 則會造成高收縮量、浮渣及增進 β 相的產生。878 合金之矽含量爲 1% 左右加上銅含量 65% 使其有較 858 高之強度及耐腐蝕性。878 合金有較佳之流動性但不易加工。878 因含矽量更高 (4%) 故有最高之流動性、耐磨性，但也最不易加工。

(4) 鉛、錳

鉛的主要用途爲增進切削性。由於鉛的熔點 327℃，故壓鑄頂出時鉛仍爲液態；因不熔於銅及其合金，終在晶界出現增進切削性。鉛同時可塡縮孔，增進氣密性。過多的鉛在高於 327℃ 之高溫會降低機械性質。錳可增加機械性及韌性。

表 2-20　壓鑄銅合金物理性質表

	C85700 (857)	C85800 (858)	C86500 (865)	C87800 (878)	C99700 (997.0)
密度 (g/cm^3)	8.4	8.44	8.33	8.3	8.19
線膨脹係數 (10-6/K)	21.6	21.6	20.3	19.6	19.6
熱傳導率 (W/cm/K)	0.84	0.84	0.86	0.28	0.28
熱擴散率 (cm^2/s)	0.26	0.26	0.27	0.09	0.09
電傳導率 (%IACS)	22	22	22	6	3
熔解範圍(K)	903~940	871~899	862~880	821~933	879~902

3. 產品應用例：

表 2-21 壓鑄銅合金產品應用例

用途	應用例
五金零件	水龍頭開關、水龍頭、水管接頭、閥門、壁掛掛勾、門把、門檔、鑰匙孔座
生活用品	拆信刀、紀念品、神像、壁掛飾品、皮帶頭、獎牌、書籤、袖扣、拉鍊

參考文獻

1. 唐乃光，壓鑄模具設計手冊，金屬工業研究發展中心，2000。

第三章　壓鑄模具材料

壓鑄模具材料直接影響到模具壽命、尺寸精度、加工性、經濟價值與製造成本，更重要的是會影響壓鑄件的品質。為了達到壓鑄模具品質的要求，除了要求加工之技術與設備，還必須選擇適當的模具材料。壓鑄模具材料的要求、用途分別敘述於後。

模具設計工程師在選用模具材料時應考慮模具使用壽命、模具的結構設計、模具零件的設計、製造成本、模具尺寸精度、物理與化學特性等因素。壓鑄模具材料的選用原則如下：

1. **好的機械加工性**：銑削加工、研磨加工、放電加工是模具主要加工方式。
2. **耐磨耗性佳**：此為影響模具壽命及模具精度的主要因素之一。
3. **韌性好**：模具成形零件薄壁的部位或受熔湯衝擊的部位需具備此特性。
4. **耐蝕性佳**：有些合金熔湯成形過程會產生腐蝕性氣體，因此材料必須能夠抵抗腐蝕。
5. **熱處理特性好**：熱處理變形要小。
6. **表面加工性良好**：研磨性好，容易獲得表面加工效果，而且沒有組織不一、硬度不均勻。

3-1　壓鑄模具材料的基本要求

壓鑄模具零件大致可分為結構部分 (底座、框架)、與熔湯直接接觸部分 (模仁、料管內襯、中子)、滑動部分 (定位銷、滑塊)。

3-1-1 與合金熔湯直接接觸之零件

此零件爲壓鑄模具重要零件之一，在壓鑄製程中零件必須承受嚴苛環境影響，材料必須具備：

1. 良好之高溫耐磨性。
2. 良好之抗熱疲勞性。
3. 良好之切削性。
4. 熱膨脹係數小。

3-1-2 結構零件

模具結構零件有模座、頂出銷、導銷、回位銷、模腳 (或支柱) 等，這些零件需要具備足夠強度。表 3-1 爲壓鑄零件常用材料表。表 3-2 爲壓鑄模具零件常用材料之各國對照表。

3-1-3 滑動配合零件

此爲構成壓鑄模具零件之一，考量壓鑄製程之生產條件，此零件須具備：

1. 良好之耐磨性。
2. 適當的強度。
3. 適當之淬硬透性。
4. 較小之熱處理變形率。

3-2 工具鋼

工具鋼 (Tool steel) 是機械加工常用的工具材料，廣泛應用在切削刀具、量具、模具和耐磨工具。工具鋼具有較高的硬度，在高溫下能保持高硬度的紅硬性，此外還有高的耐磨性和韌性。壓鑄模具大多使用熱作工具鋼，對冷作工具鋼本節僅有基本介紹。添加不同的元素，工具鋼可得到具有耐磨、耐蝕、抗熔損性質優良、熱衝擊性佳、熱處理變形小、硬化能高、熱疲勞抵抗性強等各種特性。表 3-3 爲各工具鋼常用之材料。表 3-4 依照加工溫度分類列出工具鋼。

表 3-1　壓鑄零件常用材料表

		CNS	JIS	DIN	中國大陸
模座、芯型銷	鋁合金	S37CrMoV1 S37CrMoV2	SKD6 SKD61	X38CrMoV51 X40CrMo51	3Cr2W8 4Cr5MoSiV
	鋅合金	S35CrMo S40CrMo	SKD6 SKD61	X38CrMoV51 X40CrMo51	3 Cr2W8 4CrW2Si
	銅合金	--	--	X32CrMoV33 X37CrMoW51	3Cr2W8 4Cr5MoSiV
頂出銷 頂出銷		S37CrMoV1 S37CrMoV2	SKD61	X38CrMoW51 X40CrMoW51	3 Cr2W8 5CrMnMo 5CrNiMo
外模		S50C S55C SCM435 SCM440	S50C S55C SCM435 SCM440	40CrMnMoS86 C60w	30~45 號鋼
導銷、回位銷、角銷		S85C S95C S105C S105CrW S95CrW	SK3 SK4 SK5 SUJ2	--	T8A T10A 9Mn2V

(資料來源：CNS B3369、3370~3373；JIS B5101~5101；"Bohler Special Steel For the Die casting Industry",Bohler Edlstahl Gmbh,Austria.；E.Brunhuber,"Praxis der druckgu β fertigung,"Schiele&Schon,Berlin,1991.;"壓鑄模具設計手冊"，機械工業出版社，新華書店，北京)

表 3-2 壓鑄模具零件常用材料之各國對照表

CNS	JIS	DIN	SAE	中國大陸
S37CrMoV2(TH)	SKD61	X40CrMoV51	H13	4 Cr5MoSiV
S37CrMOV1(TH)	SKD6	X38CrMoV51	H11	4 Cr5MoSiV
S30CrWV2(TH)	SKD5	--	H21	3Cr2W8V
S85C	SK5	C80W1	W108	T8A
S105C	SK3	C105W1	W110	T10A
--	--	--	4125	--
S20C	S20CK	CK22	1020	20
--	--	90MnCrV8	O2	9MnCrV8
S95CrW(TA)	SKS3	95WCr4 80WCr8	O1	9CrWMn
--	SKS4	--	--	S50CrW(TS)
--	SKS5	--	--	S80NiCr1(TC)
S50C	S50C	CK50, C50	1049	50
S55C	S55C	CK55, C55	1055	55
SCM430	SCM430	30CrMo4	4130	30CrMo
SCM435	SCM435	34CrMo4	4135	35CrMo
SCM440	SCM440	42CrMo4	4140	42CrMo
SUP10	SUP10	--	6150	50CrV4
SKH51	SKH51	S6-5-2	M2	--

表 3-3 各工具鋼常用之材料

ANSI 分類		ANSI	JIS
高速鋼	M（鉬基） T（鎢基）	M2、T1、T5...	SKH51、SKH2、SKH4
熱作鋼	H1-H19（鉻基） H20-H39（鎢基）	H11、H12、H13...	SKD6、SKD62、SKD61...
冷作鋼	D（高碳、高鉻） A（中合金，氣冷硬化） O（油冷硬化）	A2、A9、D2、D3....	SKD12、SKD11、SKD1...
耐衝擊	S	S1、S2、S5...	SKS41、SKS43、SKS4...
模具鋼	P1-P19（低碳） P20-P39（其他）	P20、P21...	--
特殊用途	L（低合金） F（碳-鎢）	L2、L6、F1、F2...	SKS43、SKS51...
水冷硬化	W	W1、WC...	SKS1、SKS11...

(資料來源：Manufacturing Engineering and Technology 3rd)

3-2-1 冷作工具鋼

冷作工具鋼一般係於常溫中加工使材料產生塑性變形，在經適當之淬火、回火熱處理後，使材料具備適當的硬度及良好的韌性。表 3.5 為冷作工具鋼之化學成分。

表 3-5 冷作工具鋼之化學成分

代號	化學成分 (%)(最大值)								
	C	Si	Mn	P	S	Cr	Mo	W	V
SKD1	1.90~2.2	0.1~0.6	0.2~0.6	< 0.03	< 0.03	11.0~13.0			
SKD2	2.00~2.3	0.1~0.4	0.3~0.6	< 0.03	< 0.03	11.0~13.0		0.6~0.8	
SKD10	1.45~1.6	0.1~0.6	0.2~0.6	< 0.03	< 0.03	11.0~13.0	0.7~1.0		0.7~1.0
SKD11	1.40~1.6	< 0.04	< 0.03	< 0.03	< 0.03	11.0~13.0	0.8~1.2		0.2~0.5
SKD12	0.95~1.05	0.1~0.4	0.4~0.8	< 0.03	< 0.03	4.8~5.5	0.9~1.2		0.15~0.35
SKS3	0.95~1.0	< 0.03	0.9~1.2	< 0.03	< 0.03	0.5~1.0		0.5~1.0	
SKS31	0.95~1.05	< 0.35	0.9~1.2	< 0.03	< 0.03	0.8~1.2		1.0~1.5	
SKS93	1.00~1.1	< 0.5	0.8~1.1	< 0.03	< 0.03	0.2~0.6			
SKS94	0.20~0.6	< 0.5	0.8~1.1	< 0.03	< 0.03	0.2~0.6			
SKS95	0.20~0.6	< 0.5	0.8~1.1	< 0.03	< 0.03	0.2~0.6			

(資料來源：“金屬材料對照手冊”，全華科技圖書股份有限公司，台灣)

表 3-4　工具鋼的加工溫度分類

類型	溫度範圍 (T/Tm)	定義
冷作	低於 0.3	於常溫中加工對金屬施行塑性變形
溫作	0.3~0.5	介於室溫與熱作溫度之間所進行的加工行爲
熱作	高於 0.6	於再結晶溫度以上施行塑性變形

其中Tm爲材料的熔點，以絕對溫度表示。爲了確保冷作鋼材能承受各種切削及成形時所產生的應力，冷作鋼材必須具備下列特性：

1. 較佳的硬度。
2. 具有耐磨不變形及良好的韌性。
3. 優異的抗壓及衝擊強度。
4. 具有熱處理時高尺寸穩定性。
5. 良好的切削性。

3-2-2 熱作工具鋼

熱作工具鋼是現今工業應用層面最廣泛之高合金鋼之一，主要應用於壓鑄模具、鍛造模具、工具及各類機械零件，由於在高溫的情況下使用，因此熱作工具鋼材必須具備優良的高溫強度、耐衝擊性、良好的耐熱疲勞等特性。

以下爲熱作工具鋼各種資料。表 3-6、表 3-7、表 3-8 爲熱作工具鋼之化學成分。表 3-9 爲熱作工具鋼之物理性質。表 3-10 爲熱作工具鋼之機械性質。表 3-11 爲熱作模具鋼高溫回火軟化能力之比較。

表 3-6 熱作工具鋼之化學成分

代號	化學成分 (%) (最大值)							
	C	Mn	P	S	Si	Cr	V	W	Mo
H10	0.35 ~ 0.45	0.20 ~ 0.7	0.03	0.03	0.80 ~ 1.25	3.00 ~ 3.75	0.25 ~ 0.75	--	2.00 ~ 3.0
H11	0.33 ~ 0.43	0.20 ~ 0.6	0.03	0.03	0.80 ~ 1.25	4.75 ~ 5.5	0.30 ~ 0.6	--	1.10 ~ 1.6
H12	0.30 ~ 0.40	0.20 ~ 0.6	0.03	0.03	0.80 ~ 1.25	4.75 ~ 5.5	0.20 ~ 0.5	1.0~ 1.7	1.25 ~ 1.75
H13	0.32 ~ 0.45	0.20 ~ 0.6	0.03	0.03	0.80 ~ 1.25	4.75 ~ 5.5	0.80 ~ 1.2	--	1.10 ~ 1.75
H14	0.35 ~ 0.45	0.20 ~ 0.6	0.03	0.03	0.80 ~ 1.25	4.75 ~ 5.5	--	4.0~ 5.25	--
H19	0.32 ~ 0.45	0.20 ~ 0.5	0.03	0.03	0.15 ~ 0.5	4.00 ~ 4.75	1.75 ~ 2.2	3.0~ 4.5	0.30 ~ 0.55
H21	0.26 ~ 0.36	0.15 ~ 0.4	0.03	0.03	0.15 ~ 0.5	3.00 ~ 3.75	0.30 ~ 0.6	8.5~ 10	--
H22	0.30 ~ 0.40	0.15 ~ 0.4	0.03	0.03	0.15 ~ 0.4	1.75 ~ 3.75	0.25 ~ 0.5	10~ 11.75	--

代號	化學成分 (%) (最大值)								
	C	Mn	P	S	Si	Cr	V	W	Mo
H23	0.25 ~ 0.35	0.15 ~ 0.4	0.03	0.03	0.15 ~ 0.6	11.0 ~ 12.75	0.75 ~ 1.25	11 ~ 12.75	--
H24	0.42 ~ 0.53	0.15 ~ 0.4	0.03	0.03	0.15 ~ 0.4	2.50 ~ 3.5	0.4 ~ 0.6	14~16	--
H25	0.22 ~ 0.32	0.15 ~ 0.4	0.03	0.03	0.15 ~ 0.4	3.75 ~ 4.5	0.4 ~ 0.6	14~16	--

(資料來源：ASTM A0681-94 R99)

表 3-7　熱作工具鋼之化學成分

代號	化學成分 (%) (最大值)							
	C	Si	Mn	Cr	Mo	V	W	Co
Bohler W403 VMR	0.38	0.20	0.25	5.00	2.80	0.65	--	--
Bohler W300	0.38	1.10	0.40	5.00	1.30	0.40	--	--
Bohler W302	0.39	1.10	0.40	5.20	1.40	1.00	--	--
Bohler W303	0.38	0.40	0.40	5.00	2.80	0.65	--	--
Bohler W320	0.31	0.30	0.35	2.90	2.80	0.50	--	--
Bohler W321	0.39	0.30	0.35	2.90	2.80	0.65	--	2.90

(資料來源：SANA 成亞實業有限公司，Bohler，中國大陸)

表 3-8 熱作工具鋼之化學成分

代號	化學成分 (%)(最大值)									
	C	Si	Mn	P	S	Ni	Cr	Mo	W	V
SKT4	0.50~0.6	< 0.35	0.60~1.0	--	--	1.3~2.0	0.7~1.0	0.2~0.5	--	< 0.2
SKD61	0.35~0.42	0.80~1.20	0.25~0.50	< 0.03	< 0.02	--	4.80~5.5	1.0~1.50	--	0.80~1.15
SKD61-M	0.32~0.42	< 0.35	< 0.5	--	--	--	4.5~5.5	3.0	--	0.80~1.2
SKD61-F	0.32~0.42	< 1.5	< 1.5	--	--	--	4.5~5.5	1.0~1.5	--	0.40~0.8
SKD62	0.32~0.40	0.80~1.20	0.20~0.50	< 0.03	< 0.02	--	4.75~5.5	1.0~1.6	1.00~1.60	0.20~0.50
SKD7	0.28~0.34	0.5	0.6	--	--	--	2.3~3.5	2.5~3.0	--	0.40~0.7
SKD8	0.35~0.4	0.5	0.6	--	--	--	4~4.7	0.3~0.5	--	1.70~2.2
MH85	0.55	0.3	0.3	--	--	--	4.2	4.0	--	1.0
SKH51	0.80~0.9	0.4	0.4	--	--	--	3.8~4.5	4.5~5.5	--	1.60~2.2
SKH55	0.80~0.9	0.4	0.4	--	--	--	3.8~4.5	4.8~6.2	--	1.70~2.3

(資料來源：JIS G4404-2006)

表 3-9　熱作工具鋼之物理性質

	H11	H13	SKD61	BOHLER W302
密度 (g/cm^3)	7.80	7.80	7.81	7.60@600℃ 7.64@500℃ 7.80@20.0℃
線膨脹係數 (10-6/K)	12.4	11.5	12.4	12.2@20-300℃
熱傳導係數 (W/(mK))	24.6@215℃ 42.0@23.0℃	24.3@215℃ 24.7@605℃	26.8	14.4@20.0℃ 15.9@300℃
比熱(J/(gk))	0.460	0.460	0.460	0.46@20.0℃ 0.55@500℃

表 3-10　熱作工具鋼之機械性質

	H11	H13	SKD61	BOHLER W302
硬度(HRC)	56	28.0-54.0	53.0	-
抗拉強度(MPa)	1990	1990	586@649℃ 1380@316℃	1100~1380@315℃ 1200~1590@20℃
降伏強度(MPa)	1650	1650	414@649℃ 1170@316℃	900~1170@315℃ 1000~1380@20.0℃
伸長率(%)	0.09	0.09	--	--
楊氏係數(GPa)	210	210	215	165@600℃ 176@500℃ 215@20.0℃
剪力常數(GPa)	81.0	81.0	--	--
波松比	0.3	0.3	0.3	0.3
備註	自 955~ 1250℃淬火	自 955~ 1250℃淬火	--	--

表 3-11 熱作模具鋼高溫回火軟化能力之比較

鋼種	室溫時的硬度	600℃時的硬度(HV)	硬度下降量	抗高溫回火軟化能力
SKD6	440	230	210	6
SKD61	440	232	212	6
DH21	445	240	205	5
SKD62	447	250	197	4
DH71	446	259	187	3
SKD4	445	325	120	2
SKD5	421	322	99	1
SKD7	448	260	188	3
DH75	425	228	197	4

(資料來源：西村富隆，張唯敏，熱作模具鋼抗軟化性，國外金屬加工，1998，pp. 14-16。)

3-2-3 合金元素對工具鋼特性之影響

使用壓鑄模具時，材料應具備耐熱疲勞性、耐磨耗性及耐衝擊性等，而碳鋼不容易滿足這些條件，因此可添加鉻 (Cr)、鉬 (Mo)、鎢 (W)、釩 (V)、鎳 (Ni)、錳 (Mn)、鈷 (Co)等合金元素，以改善鋼之特性。表 3-12 為添加各元素對工具鋼之影響。

表 3-12 添加各元素對工具鋼之影響

元素	適量含量的影響	過多含量的影響
C	大幅提高硬度、抗拉強度、降伏強度	降低延展性、銲接性與衝擊韌性
Mn	提高抗拉強度、降伏強度、衝擊韌性、硬化能、防止硫化物造成的脆性	沃斯田鐵相殘留至室溫，若碳含量增加，則可提高耐磨性。
Si	改善鋼材低溫回火後的強度與韌性。促進碳化物分解。當碳含量 < 0.01%，添加 3% 以上的 Si 可降低磁滯損失	降低銲接性、切削加工性、與冷鍛性質
P	有極佳的肥粒鐵強化效應，提高硬度、強度、切削性、抗腐蝕性與耐磨耗性	降低延展性、韌性與銲接性
S	可改善鋼之切削性	容易造成熱脆性，降低延展性、衝擊值與銲接性
Cu	改善大氣中抗蝕性質(目前最有效的合金元素)	容易造成熱脆性
Al	強力脫氧劑，可與鋼中之 N 形成 AlN，抑制時效敏感性，提高降伏強度與韌性	
V	細化晶粒、提高降伏強度；促進碳化物形成，提高耐磨性	
Nb	增加降伏強度、細化晶粒與高溫強度	降低硬化能
Ni	增加硬化能。添加至低合金鋼，可增加低溫韌性，以及減少熱處理變形	
Cr	增加硬化能。促進碳化物形成；添加至低碳鋼可提升抗腐蝕、抗氧化能力、低溫強度與耐磨性	提高回火脆性
Mo	抑制沃斯田鐵晶粒粗大；促進碳化物形成。配合鉻元素，可獲得高強度、高韌性、高硬化能之鋼材	韌性下降

表 3-12 添加各元素對工具鋼之影響(續)

元素	適量含量的影響	過多含量的影響
Ti	極強的脫氧劑，使晶粒細化、改善銲接性	降低硬化能
Zr Ce	改善夾雜物之型態，改善韌性	--
B	增加硬化能	--
Ld	改善切削性	--
Ca	脫氧劑，可改善韌性	--
N	改善強度、硬度與切削性	延性、韌性下降
O	略微增加強度	嚴重降低韌性
H	提升抗拉強度	使鋼材脆化、造成氣孔
W	抵抗回火軟化、提高高溫強度、硬度與耐磨耗性	--
Sn As Sb	--	提高回火脆性
Co	改善高溫硬度	降低硬化能

(資料來源：Manufacturing Engineering and Technology 3rd；西村富隆，張唯敏，熱作模具鋼抗軟化性，國外金屬加工，1998，pp. 14~16。)

3-3 模具的熱處理

「模具熱處理」是指「對模具材料施以適當的加熱與冷卻，配合加熱與冷卻的程度得到所需要的特性」。熱處理 (Heat Treatment) 主要是提升材料之硬度、強度、韌性、尺寸安定性、抗磨耗與耐熱震性等。模具的熱處理與表面處理可提升模具壽命。

鋼材在熱處理前的性質會影響熱處理後的結果，所以必須要求鋼材供應商提供完整鋼材資料，包括以下項目：

1. 成份分析：確定鋼材的化學成份。
2. 清淨度檢驗：煉鋼過程中，容易有非金屬夾雜物污染，非金屬夾雜物不易破碎及分散，使得鋼材的衝擊韌性明顯降低。
3. 超音波檢驗：檢查樹枝狀結晶、偏析、空蝕、縮孔、氣孔等瑕疵。
4. 衝擊試驗：衝擊試驗是用來檢測鋼材在動態負荷下的斷裂強度。較高的韌性，可使材料承受較大的溫度變化，延緩裂紋的生長和擴張。
5. 晶粒大小：對鋼材性質有重大影響，若有需要可進行晶粒度的檢驗。

鋼鐵熱處理的方法有很多種，各種熱處理之目的也不盡相同，包含加熱、淬火急回火等熱處理。本節說明壓鑄模具H13 (SKD61) 熱處理之步驟，以及模具材料特性受沃斯田鐵熱處理、回火熱處理等影響。

3-3-1 沃斯田鐵化

為了得到均勻沃斯田鐵組織，以利後續的淬火回火，因此沃斯田鐵化熱處理時應分段加熱，使鋼材內部與外部的溫度接近。表 3-13 為不同爐子分段加熱方式以及特性。

表 3-13 為不同爐子分段加熱方式以及特性

型式	步驟	特性
真空爐 (3 段式)	● 鋼材放入冷爐中 ● 以 278℃/hr 溫升率加熱至 705℃保持一段時間，以鋼材最厚處算，每公分厚度 4 分鐘 ● 再以 278℃/hr 溫升率加熱至 870℃保持一段時間，以鋼材最厚處算，每公分厚度需要 4 分鐘 ● 再以 139℃/hr 溫升率加熱至 1024±5℃	● 鋼材加熱時不移動 ● 加熱迅速，要注意控制 ● 熱電偶測溫棒量測鋼材 ● 比較沒有工作表面氧化之問題
氣氛爐 (2 段式)	● 鋼材放入已事先加熱至 815℃之氣氛爐中 ● 於 815℃保持一段時間=以鋼材最厚處厚度計算，每公分厚度須 4 分鐘 ● 以 278℃/hr 溫升率加熱至 870℃ ● 再以 139℃/hr 溫升率至 1024℃±5℃	● 氣體循環使加熱迅速且均勻 ● 工件會因氧化問題而變色 ● 以還原性氣體 N2-H2-CO 可對工件做滲碳處理 ● 預熱至 538℃後才置入可避免熱衝擊 (thermal shock)

表 3-13(續)　為不同爐子分段加熱方式以及特性(續)

型式	步驟	特性
鹽浴爐(1 段式)	● 在一般爐內先將鋼材加熱至 538℃ ● 放入已事先加熱至 815℃之鹽浴爐中 ● 靜置一段時間使內部與外部達到相同溫度 ● 再以 139℃/hr 溫升率加熱至 1024℃±5℃	● 加熱均勻但須避免工件擁擠 ● 鹽浴加熱要注意氧化、腐蝕、脫碳 ● 預熱至 538℃後才可置入鹽浴

(資料來源：D.L.C Ocks, "Heat Treatment of H13 Die Casting Tool Steel," NADCA, 1989)

3-3-2 淬火硬化

模具鋼 (H13) 因合金成份與硬化能高，空冷便可達要求的硬化效果。淬火的冷卻速率快容易得到麻田散鐵組織，但容易產生變形；冷卻速率慢，材料的延展性以及硬度都會下降。由圖 3.1 得知變韌鐵與麻田散鐵組織韌性差異不大，但冷卻速率有甚大的差異。為了提高韌性，淬火時一開始 (537℃ 以上) 之冷卻速率必須大於 5.6℃/min 以抑制產生波來鐵組織，537℃ 以下波來鐵組織已不會產生，此時應儘量維持恆溫，避免產生變形。如此的組織可能為變韌鐵或變韌鐵與麻田散鐵。表 3-14 為不同爐子的淬火方式。

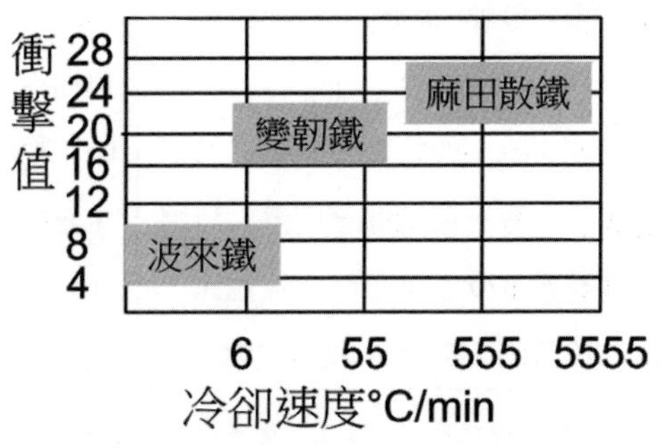

圖 3.1　韌性與淬火冷卻之關係

表 3-14 不同爐子的淬火方式

設 備	方 法	備 註
真空爐 (真空或氣淬淬火以大於-11℃/min 之降溫速率最少淬火至 537℃)	一段法：氣體淬火至 370±25℃	注意事項： 降溫速率隨工件大小、氣體種類、氣體流速、氣體壓力和冷卻循環系統而調整一般氮氣用 2bar 壓力。
	二段法：以 -11℃/min 之降溫速率氣體淬火至 537℃，靜置待工件內外溫度差小於 90℃，靜置爐中以 -2.8℃/min 之降溫速率冷卻或空冷至 32~49℃	
氣氛爐 (方法一：氣體淬火 方法二：油淬火)	冷卻速率每分鐘 11℃ 至 537℃，空冷至 32~49℃	
	油淬至 537~649℃，空冷至 32~49℃	
鹽浴池	一段法：將工件移至 537℃ 之鹽浴，等候一段時間待工件溫度降至 64℃，空冷至 32~49℃	特點： 冷卻速率高。 注意事項： 鹽浴池需夠大且有足夠冷卻循環系統，回火前需以 65℃ 以上之熱水清洗，淬火後立刻回火。
	二段法：將工件移至 537℃ 之鹽浴，等候一段時間工件溫度降至 649℃ 後，再將工件移至 37℃ 之鹽浴，再等一段時間待工件溫度降至 400℃，空冷至 32~4℃	
流體床式 (Fluidised bed)	一段法：將工件移至 510~565℃ 之流體床，等候一段時間至同溫，空冷至 32~49℃	特點： 熱傳效率高，冷卻速率近似油冷，保護氣可防止銹蝕和脫碳。恆溫淬火可避免變形。 注意事項： 淬火後立刻回火。
	二段法：將工件移至 510~565℃ 之流體床，等一段時間至同溫。再將工件移至 370℃~400℃ 之流體床，等一段時間，空冷至 32℃~49℃	

(資料來源：林長毅，"真空熱處理之技術、應用與設備維護保養"，台灣金屬熱處理學會。)

3-3-3 回火處理

淬火後的模具鋼 (H13) 硬度提高、應力不均勻而且易脆，適當的回火處理，可得到所需的硬度與良好韌性。謹慎地控制回火溫度與時間，可減少對鋼材組織性及尺寸安定性的影響。表 3-15 為回火處理步驟。

3-3-4 應力消除

應力消除之目的為減少冷熱交替所殘留的應力，此處理是一種低溫處理方式。壓鑄模具每兩萬至三萬模次須做應力消除。以下為應力消除之熱處理步驟：

1. 溫度：加熱至最後一次回火溫度減 15℃ (或 538℃±5℃)。
2. 保持：靜置爐中的時間以材料最厚處計算，12min/cm。
3. 冷卻：簡單形狀做空冷處理，複雜形狀 (斷面厚度差異超過 76mm 以上)，在爐中冷卻至 427℃ 再移至空冷。
4. 清潔：鹽浴方式須清洗乾淨吹乾。

3-4 表面處理

表面處理使材料更耐腐蝕、耐磨、耐熱，延長材料壽命、改善材料表面之特性、增加光澤美觀等，有效提高產品之附加價值，所有改變材料表面之機械、物理及化學性質之加工技術統稱為表面處理 (surface treatment) 或稱為表面加工 (surface finishing)。

3-4-1 珠擊

珠擊法係利用硬化的小鋼珠，以高速衝擊工件表面，在表面形成殘留之壓縮應力層，此壓縮應力層可以增進工件之耐疲勞性與表面硬度；相較於噴砂處理，其使用鋼珠硬度較低、壓力較小，因此噴砂處理對於工件的強度則無明顯之影響。

表 3-15 回火處理步驟

形式	步驟	說明
前置作業 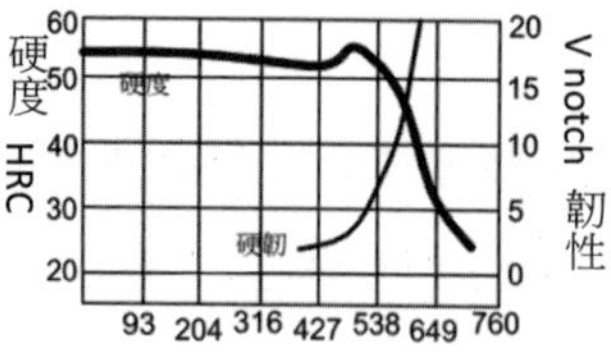 硬度 HRC / V notch 韌性 回火溫度	冷卻至 32~ 49℃、清潔材料、量測硬度。選定期望硬度，並依左圖選定回火溫度，排定回火程序。	避免冷卻到低於 32℃，以及過快的冷卻速率。清洗用水的水溫不得低於 32℃。 回火溫度不可低於 538℃。高硬度 (48 HRC)：抗壓痕性高，較不易產生熱龜裂 (heat checking)。 低硬度 (42 HRC)：較不易產生大劈裂 (gross cracking)，韌性較高。
第一次回火 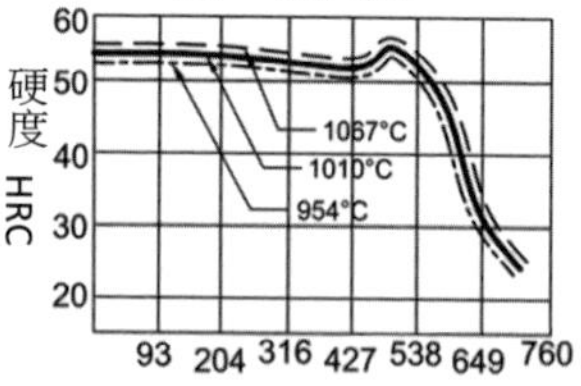 硬度 HRC 1067°C / 1010°C / 954°C	將工件放入爐內，爐溫度不可高過於 65.6℃。於 538℃至少持 2 hrs，或以最厚斷面計算每 2.54cm 持溫 2 hrs。空冷至 49℃。	熱循環加熱或鹽浴加熱皆可，但須注意溫度控制在 ±3℃ 以內。 例如：從 1010℃ 淬火完之工件硬度為 56 HRC。第一次 538℃回火，硬度降至 54 HRC。若欲得到 46 HRC，第二次回火溫度則需為 582℃。
第二次回火 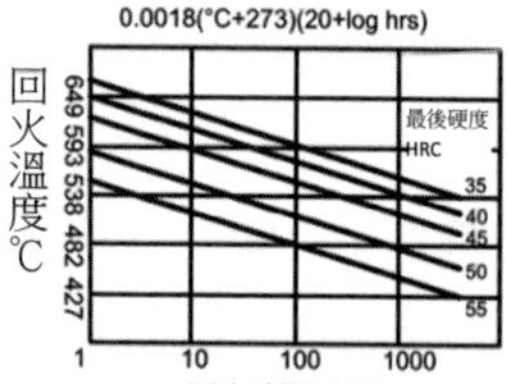 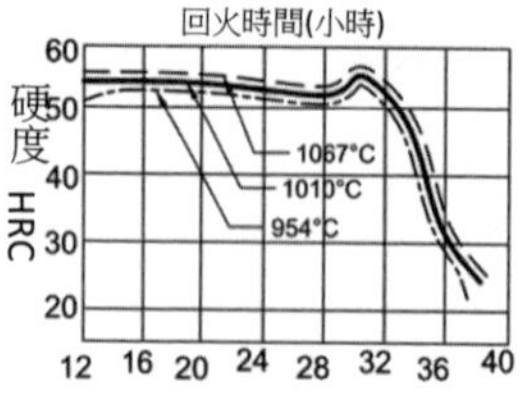 0.0018(°C+273)(20+log hrs) 回火溫度℃ / 最後硬度 HRC 回火時間(小時) 硬度 HRC 1067°C / 1010°C / 954°C	第二次回火為必需的程序。拋光材料以清潔表面。 將工件放入爐內，爐溫不可高過於 65.6℃。 持溫方式同上，空冷至 49℃。	表面氧化層不用磨除，可以防止黏模。 因持溫時間會影響最終硬度，若考慮持溫時間與回火溫度對硬度的影響。可用左側二圖。 小工件若要獲致硬度 46 HRC，需在 582℃持溫 4 hrs。但若為大工件，為求內外加熱均勻，持溫時間需為 24 hrs，則溫度需下降為 552℃。以上二例其回火參數值皆為 31.7。

表 3-15 回火處理步驟(續)

形 式	步 驟	說 明
第三次回火	建議可做第三次回火。前一次回火後硬度若太高，可藉由第三次回火再調整 (此次回火可同時做氧化、氮化、碳氮化表面處理)。	優點： 壓鑄時模材較不易軟化、變形。

(資料來源：林長毅，"真空熱處理之技術、應用與設備維護保養"，台灣金屬熱處理學會。)

3-4-2 氮化處理

氮化法 (nitriding) 是將特定成份的鋼材 (含 Al、Cr、Ti、V、Mn、Si 等合金元素)，在無水氨氣或其他含氮環境中，加熱至 500 ~ 590℃，氮原子擴散進入鋼鐵，使鋼材表面形成氮化層而得到堅硬表面層。硬度值可達 70 HRC。氮化法的優缺點說明如下:

優點：

(1) 氮化不需經過淬火處理，所以變形極少。

(2) 處理溫度在較低 α-Fe 範圍，不會有熱變形或結晶粒粗大。

(3) 氮化後的硬度比滲碳硬化層高。

(4) 耐磨耗性、耐侵蝕性較優良。

(5) 對回火有很高的抵抗性。

缺點：

(1) 由於處理的溫度較低，必須長時間才能得到所需要的硬化層。

(2) 必須使用特殊鋼材才有硬化作用的效果。

1. 氣體氮化法

氣體氮化法 (如圖 3.2) 主要反應為氨 (NH3) 分解為氮 (N) 與氫氣 (H)，利用氮原子的活潑性與鐵結合為氮化鐵，得到表面硬化的目的。

2. 液體氮化法

液體氮化是將工件浸入產生活性氮原子的鹽浴中進行滲氮，滲氮溫度約在 500～600℃ 之間，鹽浴的組成主要是鈉和鉀的氰化鹽、碳酸鹽和氯化鹽。氰化物氧化和分解產生活性氮原子的反應可以用下列反應式表示：

$$2NaCN + O_2 \rightarrow 2NaCNO$$

$$NaCN + CO_2 = NaCNO + CO$$

NaCNO 會依照下列的反應，產生 CO 和 N，而進行滲碳和氮化：

高溫反應 $4NaCNO \rightarrow Na_2CO_3 + 2NaCN + CO + 2[N]$

低溫反應 $5NaCNO \rightarrow Na_2CO_3 + 3NaCN + CO2 + 2[N]$

由上述的反應式可以看出，產出活性氮原子的是氰酸鹽 (NaCNO)，因此必須先將部份氰化鹽 (NaCN) 氧化成氰酸鹽。

3. 離子氮化法

離子氮化 (如圖 3.3) 處理係將工件置於密閉容器中，將環境抽成真空 (10^{-2}～10^{-3} Torr) 在通入反應氣體如氮氣、氫氣、氬氣，並且爐內壓力維持在 (0.5～20 Torr) 之間，爐體連接到供電系統正極，工件則被接於負極。施以數百伏特的直流電壓，部分氮氣被電離而放出電子，而游離的氮離子則向工件移動，氮離子以高速衝擊工件表面，由於氮離子的衝擊而變成熱能，所以不需要一般的氮化加熱裝置。

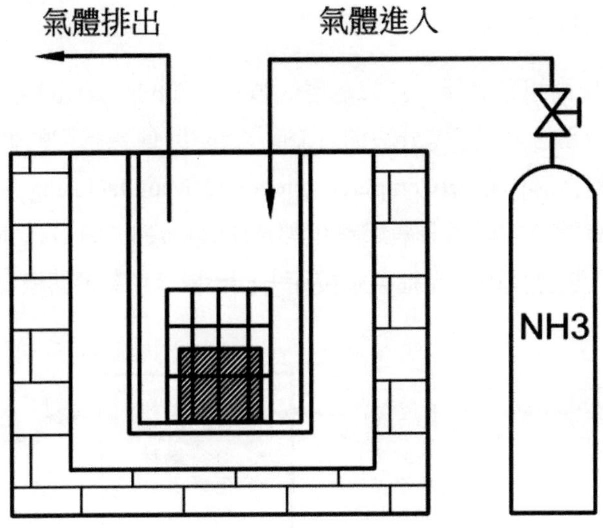

圖 3.2　氣體氮化示意圖

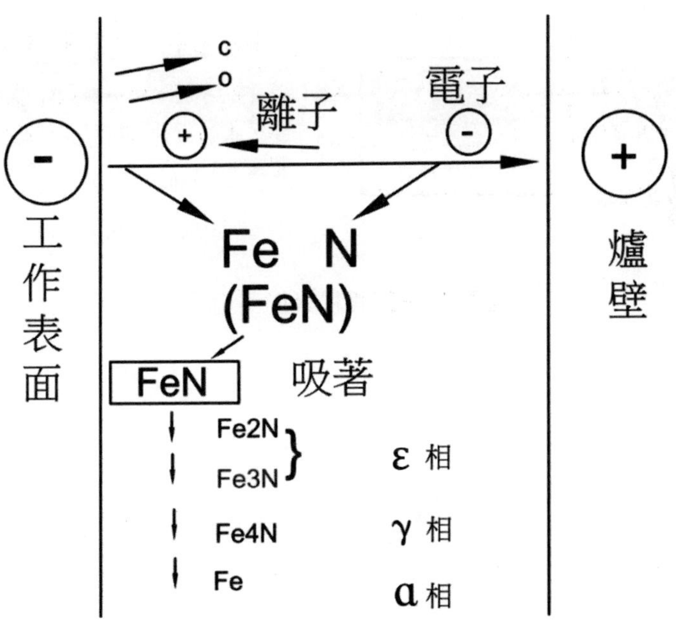

圖 3.3　離子氮化示意法。

3-5 模具加工方法

模具製造技術迅速發展，已成為現代製造技術的重要組成部分。模具在設計中採用有限元素法、有限差分法進行流動、冷卻、傳熱過程的動態模擬技術。在模具的電腦整合製作系統(Computer Integrated Manufacturing System, CIMS)技術方面，已有開發的模具分散網路化製造(Dispersed Network Manufacturing, DNM) 技術以及數控技術等先進製造技術方面。圖 3.4 為壓鑄模具加工流程。

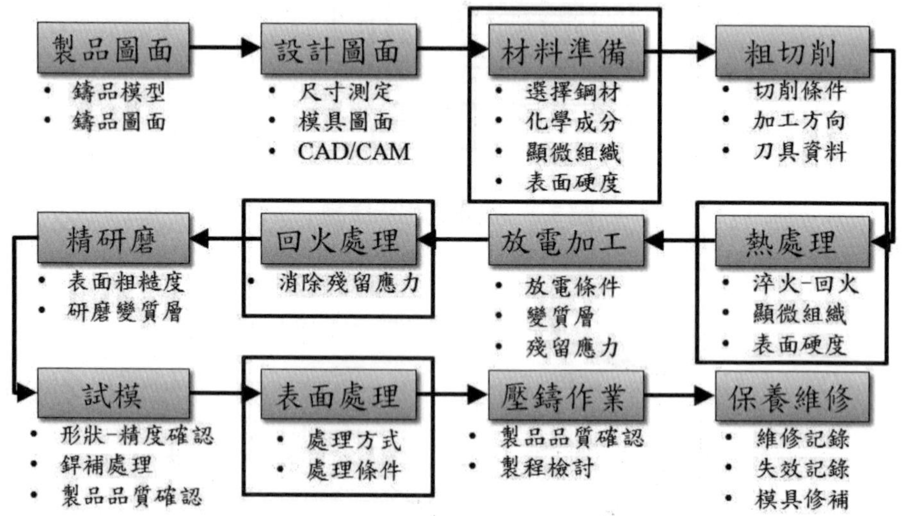

圖 3.4 壓鑄模具加工流程

3-5-1 模具加工的基本特點:

1. 加工精度要求高。
2. 模具由公模、母模、合模塊和模架所組成，所以模具的尺寸精度往往是微米等級。
3. 形狀複雜 ── 汽車零件、家用電器等產品，其表面是由多種曲面組合而成，模具型腔面極為複雜。
4. 加工程序多 ── 模具加工方法包含銑削、鑽削和攻螺紋等多種工序。
5. 重複性製作 ── 量產模具的壽命是有限的，當模具無法使用時，便要更換新的模具，所以模具的生產往往有重複性。
6. 模具材料優良 ── 高硬度模具主要是使用優質合金鋼，特別是需要高壽命的模具，常採用 CrWMn 等合金鋼製造。

3-5-2 NC 加工

數值控制系統 (Numerical Control System)，是利用數值資料對一部或多部機器進行自動化控制執行預期動作，可以有效率地製造各種的模具零組件，以下將說明 NC 加工的優缺點。

1. NC 加工的優點:

(1) 增加生產力：工具機只需要較少的設定與檢測時間，生產力是傳統工具機的四至六倍。

(2) 降低生產成本：降低生產成本的主要因素如下:加工程式可重複使用、總生產時間降低、減少人為錯誤、切削加工時間降低而有較佳的機器使用率。

(3) 具複雜加工能力：工具機是目前唯一能快速、精確加工複雜形狀的設備。

(4) 具高精度及高重現性：工具機的閉迴路系統 (Close-Loop System) 使得工件在尺寸及形狀上有非常好的重複性。

(5) 更流暢的彈性加工：工具機的自動化製造系統，如自動化工作單元 (Automated Work Cell) 及彈性製造系統 (Flexible Manufacturing System) 。

(6) 降低非直接操作成本：使用工具機可有效降低非切削加工的生產成本。其主要因素如下：減少生產前導時間、減少工作清單、操作者較少實際操作控制機器而增加機器的安全性、機器有較多的加工時間而提高機器的使用率、工具機加工件品質穩定可降低檢驗時間。

2. NC加工的缺點:

(1) 維護技術需求高:工具機為高技術設備,為維持其高精度及高重現性，控制器應經常維護以確保機器在最佳狀況。

(2) 低生產性產品不具經濟效益：工具機生產一件或數件加工形狀簡單的工件不符合經濟效益。但工件複雜時，工具機就變得較為經濟。

(3) 投資成本高：使用工具機最大的缺點是投資成本及維護費用高。為符合成本效益，使用工具機應盡量可能發揮其功效。

3-5-3 放電加工

放電加工 (Electric Discharge Machining, EDM) 具有迅速及經濟性，因此廣泛應用在模具產業。放電加工，是利用火花放電之高熱能，熔化材料並予以去除，所以導電性材料均能使用放電加工，而且不受限材料本身機械性質，特別適合用於高強度、高硬度與難以切削加工的材料以及不規則之外觀形狀的材料。以下將介紹放電加工的優缺點。圖 3.6 為放電加工示意圖。

1. 放電加工的優點：

(1) 任何可導電的材料均可加工，尤其是難以切削的材料。

(2) 各種複雜形狀、細小圓孔、深孔、薄片工件和易碎材料等都可用此法加工製造。

(3) 加工過程中不會產生切削力所引起的殘留應力或變形。

(4) 電極工具可採用較軟且易於加工之良導電性材料，例如：銅、石墨、黃銅、鋼等。

2. 放電加工的缺點：

(1) 加工速度慢。

(2) 加工件材料必須具有導電性。

(3) 工件精度會因電極工具的消耗而產生誤差。

(4) 加工面會產生硬化層。

3-5-4 研磨加工

模具的研磨加工主要目的是降低表面粗糙度，提高表面形狀精度和增加表面光澤，一般用於產品、零件的最終加工工序。

研磨是一種微量加工方法，借助於研磨工具與研磨劑（一種游離的磨料），在加工表面和研磨工具之間產生相對運動，並施以一定的壓力，從工件上去除表面凸起，獲得良好表面粗糙度和優異的尺寸精度。

研磨加工基本原理

物理研磨時，研磨工具的研磨面上塗有研磨劑，若研磨工具材料的硬度低於工件，研磨劑中尖銳棱角和高硬度的微粒會被壓嵌入研磨工具表面上產生切削作用，有些則在研磨工具和工件表面間滾動或滑動產生滑擦。這些微粒好比切削刀刃，對工件表面產生微量的切削作用，均勻地從工件表面切去一層極薄的金屬。化學研磨時，採用氧化鉻、硬脂酸等研磨劑時，研磨劑和工件表面上產生化學作用，生成一層極薄的氧化膜，氧化膜很容易被磨掉。研磨的過程就是氧化膜的不斷生成和擦除的過程，如此多次循環反覆，降低加工表面的粗糙度。

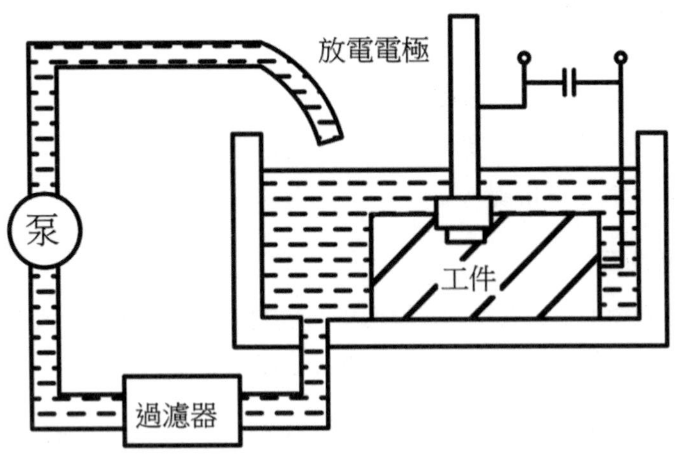

圖 3.6 放電加工示意圖

3-6 工具鋼檢測

工具鋼是一種非常重要的材料，從塑性成形的模具鋼、淬火水冷的碳鋼、高合金的高速鋼、由粉末冶金製造的特殊鋼材，這些材料都有一個共同的特點──都是鐵基材料。一般認為對於硬度相對較軟的退火態、熱軋態和鍛造後的高速鋼具有不同的顯微組織，因此須透過檢測了解顯微組織的差異。

3-6-1 工具鋼的金相試片設備

1. 切割

大多數的試片係將板材和初軋材料粗略地分割成標準尺寸。熱處理試片或失效分析試片均採用金相切割機完成。圖 3.7 為金相試驗切割機。

2. 鑲樣

根據試片尺寸和體積，可選擇不鑲埋、熱鑲或冷鑲試樣。要求良好的邊角保護與經過處理的試樣表面應採用纖維加強樹脂（IsoFast、DuroFast）進行熱壓鑲樣。圖 3.8 為金相鑲埋機。

圖 3.7　金相試驗切割機

圖 3.8　金相鑲埋機

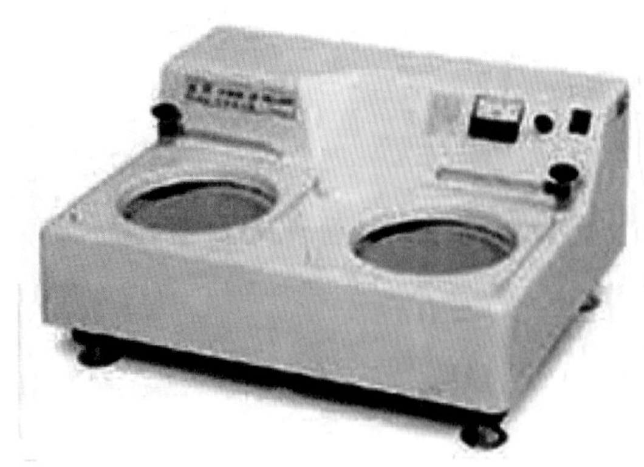

圖 3.9 金相拋光機

3. 研磨與拋光

工具鋼試樣製備的主要要求有：呈現碳化物的形狀、含量和尺寸並在未變形基體中保留非金屬夾雜物。大塊高合金鋼試樣採用全自動研磨拋光機加工即可獲得最佳效果。由於工具鋼硬度高，使用金剛砂精磨比碳化矽砂紙研磨更高效、更經濟。圖 3.9 為金相拋光機。

3-6-2 金相組織評估與評估標準

金相試樣評估的主要內容包括碳化物分佈與尺寸，硬化後回火處理的鋼脫碳檢測，顯微偏析及夾雜物評級。顯微照片分成三大類別如：圖 3-10 為碳化物 (CS)、圖 3-11 網狀碳化物（CN）、圖 3-12 板層內容（LC）。每個類別中的 6 張顯微照片提供該類別的數量，數值越大表示該種類的具有較大的數目或更大程度。

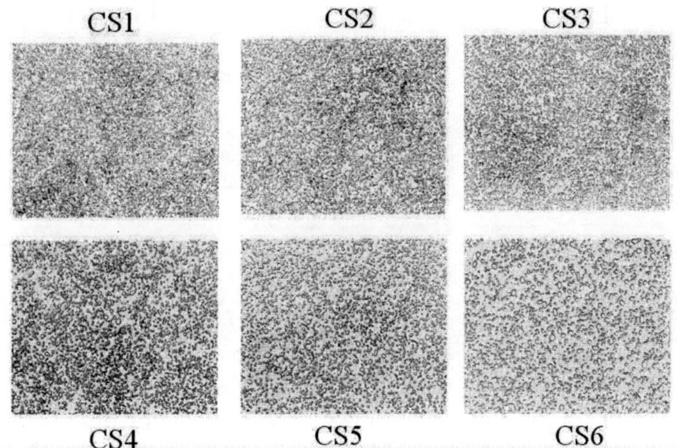

圖 3.10　碳化物(CS)

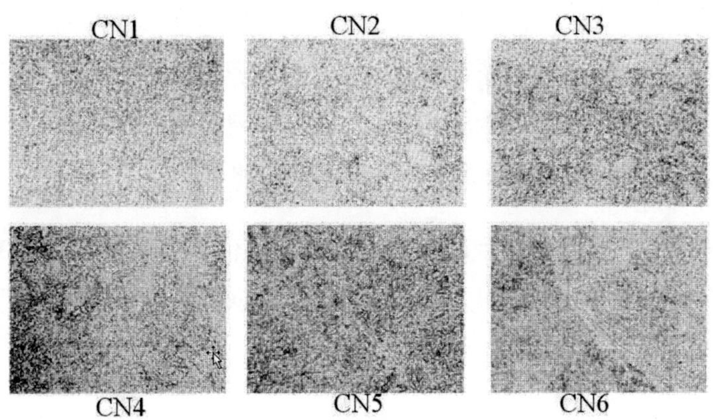

圖 3.11　網狀碳化物（CN）

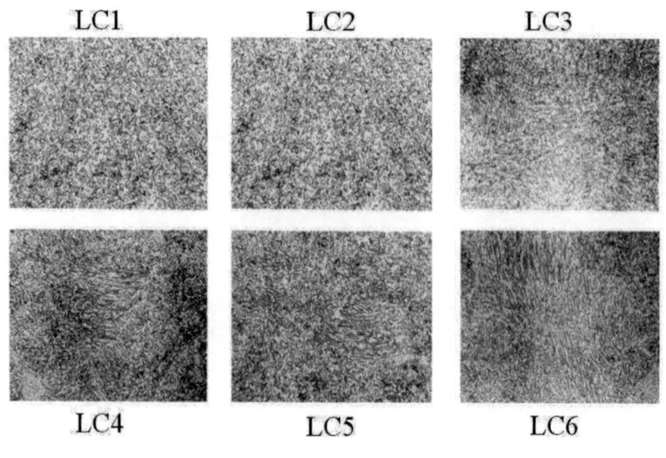

圖 3.12 板層（LC）

(圖片來源：ASTM A892-88)

3-7 壓鑄模具失效分析

壓鑄生產時，模具反覆受到冷熱作用，表面與內部產生變形，互相牽扯而出現熱應力，導致組織結構損傷和喪失韌性，引發微裂紋的出現並繼續擴展，一旦裂紋擴大，熔融的金屬液滲入裂縫，裂紋會加速擴展。

目前壓鑄鋁合金模具在生產形狀複雜的大工件，疲勞實驗在 6000～8000 次即在模腔表面出現熱疲勞裂紋，50000～80000 次就報廢，模具使用壽命遠遠低於國外，增加壓鑄生產成本。

壓鑄的作業環境中，模具不斷受到金屬液的衝擊，容易因高溫引發熱裂紋、鋁熔損、磨損等損耗現象產生，導致模具的損耗和失效，如圖 3.13 所示爲壓鑄作業時金屬液進入壓鑄模具產生之損耗情行爲。

3-7-1 熱裂紋

壓鑄模具作業的快速加熱-冷卻，模具表面因為熱疲勞所引起損耗，即為熱裂紋 (Heat Checking)，熱裂紋為影響壓鑄模具壽命最重要的原因之一。如圖 3.14 在模具鋼表面可觀察到熱裂紋，且熱裂紋只穿過模具表面層，使模具材料表面性能降低。

熱裂可分為外裂和內裂，在鑄件表面可以看到的裂紋稱為外裂，其表面寬內部窄，有時貫穿鑄件整個斷面。外裂常產生在鑄件的拐角處、截面厚度有突變或在凝固時承受拉應力的地方；內裂產生在鑄件內部最後凝固的部位，也常出現在縮孔附近或縮孔尾部。大部分外裂用肉眼就能觀察到，細小的外裂需用磁力探傷；內裂需用x射線，γ射線或超音波探傷檢查。

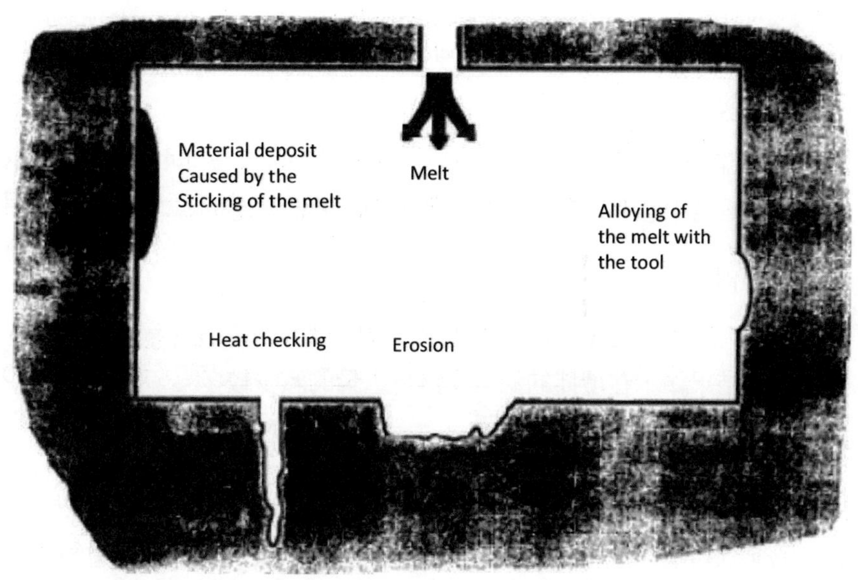

圖 3.13　金屬熔湯進入壓鑄模具所產生之損耗

(圖片來源：N. Dingremont, E. Bergmann, P. Collignon, Application of duplex coatings for metal injection moulding, Surface and Coatings Technology 72, pp. 157-162, 2005.)

圖 3.14 典型表面熱疲勞裂紋

(圖片來源：A. Perssona, S. Hogmark, J. Bergstrom, Thermal fatigue cracking of surface engineered hot work tool steels, Surface & Coatings Technology 191, p. 216, 2005.)

3-7-2 沖蝕

高速熔湯對鋼材造成沖刷效應，高速流動的熔湯有沖刷、空蝕(cavitation)的現象，熔湯中若有雜質、初析矽都會加劇沖蝕效應。

3-7-3 熔蝕

鋼材中之鐵元素會擴散並熔解於金屬熔湯中。將 H13 鋼材置入 735℃ 高溫鋁液中，結果顯示在攪拌的鋁液中鋼材重量的減少較多。

3-7-4 斷裂

碎裂失效是在射出力的作用下發生，在模具最薄弱處開始起裂，模具成形面上的劃線痕跡、放電加工痕跡研磨不完善、成形的清角處均會最先出現細微裂紋。當晶界存在脆性相或晶粒粗大時即容易發生斷裂，脆性斷裂時裂紋的擴展速度很快。

3-8 模具保養

壓鑄模具長時間在高溫環境下使用，如不進行保養檢查便不能發揮模具本來該有的作用。簡易的保養內容如下：

1. 確實紀錄模具次數與生產所發生的問題於模具生產履歷。
2. 生產模次累積到一定程度後，安排回火以消除生產中的殘留應力。
3. 針對配合件與滑動工件的配合面進行潤滑及防鏽處理。
4. 每次生產結束，檢查是否有裂痕或磨損。

參考文獻

1. CNS B3369、3370~3373.
2. JIS B5101~5101、JIS G4404-2006.
3. ASTM A0681-94 R99、ASTM A892-88.
4. "Bohler Special Steel For the Die casting Industry". Bohler Edlstahl Gmbh, Austria.
5. E.Brunhuber. "Praxis der druckgu β fertigung". Schiele & Schon,Berlin,1991.
6. 潘憲曾編著，壓鑄模具設計手冊，機械工業出版社，2005。
7. 張印本、楊良太、施議訓，金屬材料對照手冊，全華科技圖書股份有限分司，2007。
8. SANA 成亞實業有限公司，Bohler，中國大陸。
9. 西村富隆、張唯敏，熱作模具鋼抗軟化性，國外金屬加工，1998。
10. D.L.C Ocks, "Heat Treatment of H13 Die Casting Tool Steel" NADCA. USA, 1988.
11. 林長毅，真空熱處理之技術、應用與設備維護保養，台灣金屬熱處理學會。
12. 陳繁雄，，大同技術，第 13 卷第 2 期，1981.
13. 唐乃光，壓鑄模具設計手冊，金屬工業研究發展中心，2000。
14. 井上潔 原著，黃錦鐘 譯，放電加工，高立圖書有限公司，1998。
15. N. Dingremont, E. Bergmann, P. Collignon, Application of duplex coatings for metal injection moulding, Surface and Coatings Technology 72, pp.157-162,

2005.

16. A. Perssona, S. Hogmark, J. Bergstrom, Thermal fatigue cracking of surface engineered hot work tool steels, Surface & Coatings Technology 191, p. 216, 2005.

第四章　壓鑄方案設計

4-1　壓鑄方案設計流程

4-1-1　選擇壓鑄機

根據鎖模力選用壓鑄機是一種傳統並被廣泛採用的選擇壓鑄機方法，但仍略顯不足。根據鑄件結構特徵、合金及技術要求選用合適的鑄造壓力，並結合模具結構的考慮，估算投影面積，按公式 4-1 求得分模力後乘以安全係數 k (一般 k 取 1.3)，便得到壓鑄該壓鑄件所需壓鑄機的鎖模力。

$$F_C \geq k(F_{s1} + F_{s2}) \tag{4-1}$$

其中 F_c 為壓鑄機應有的鎖模力 [kN]，k 為安全係數 (一般 k 等於 1.3)，F_{s1} 為主要分模力 (由鑄件在分模面上的投影面積，包括流道系統、溢流井、排氣系統的面積乘以鑄造壓力 [MPa] 而得)，F_{s2} 為次要分模力 (作用在滑塊鎖緊面上的法向分力引起分模力之和 [kN])。

鑄造壓力是確保鑄件品質的重要參數之一，根據合金種類並按鑄件特徵及要求選擇。如表 4-1。

表 4-1　鑄造壓力(MPa)推薦值

	鋅合金	鋁合金	鎂合金	銅合金
一般件	13~20	30~50	30~50	40~50
承載件	20~30	50~80	50~80	50~80
氣密件或大平面薄壁件	25~40	80~120	80~100	60~100
電鍍件	20~30	-	-	-

1. 主要分模力

計算主要分模力，參考公式 (4-2)。

$$F_{s1} = \frac{A \cdot P}{10} \tag{4-2}$$

其中 F_{s1} 為主要分模力 [kN]， A 為鑄件在分模面上的投影面積 (多模腔則為各模腔投影面積之和，一般另加 30% 作為流道系統、溢流井與排氣系統的面積[cm^2])，P 為鑄造壓力 [MPa]。

2. 次要分模力

計算次要分模力，依據模具設計不同，請參考公式 (4-3)、(4-4)、(4-5)。斜銷活動中子、或側滑塊之次要分模力計算如下：

$$F_{s2} = \Sigma[\frac{A_{中子} \cdot P}{10} \times \tan\alpha] \tag{4-3}$$

其中F_{s2} 為法向分力引起的分模力(各個中子或滑塊所產生的法向分力之和 [kN])，$A_{中子}$為側向活動中子成形端面的投影面積 [cm^2]，P 為鑄造壓力 [MPa]，α 為斜銷或滑塊的楔形角 [degree]。(如側向活動中子成型端面的面積不大，次要分模力可以忽略不計)。 液壓中子次要分模力計算公式：

$$F_{s2} = \Sigma[\frac{A_{中子} \cdot P}{10} \times \tan\alpha - F_{hy}] \tag{4-4}$$

其中 F_{hy} 為液壓中子的作用力 [kN]，如果液壓中子未標明作用力時可按公式 (4-5) 計算。

$$F_{hy} = 0.0785 D_{hy}^2 P_{hy} \tag{4-5}$$

其中 D_{hy}為液壓中子的液壓缸直徑 [cm]，P_{hy}為壓鑄機之液壓缸的油壓壓力 [MPa]。

3. 實際壓力中心偏離鎖模力中心時鎖模力之計算

偏離壓力中心之鎖模力可使用面積矩的方法計算之，如公式 (4-6)、(4-7) 所示。

$$F_e = F_c(1 + e) \tag{4-6}$$

其中 F_e 爲實際壓力中心偏離鎖模力中心時的鎖模力 [kN]，F_c 爲未偏離中心時的鎖模力 [kN]，e 爲模腔投影面積重心最大偏離率 (水平或垂直)，見式 (4-7)。

$$e = \left(\frac{\Sigma C}{\Sigma A} - \frac{L}{2}\right)\frac{2}{L} \tag{4-7}$$

其中 A 表示溢流井、流道與鑄件之投影面積 [mm^2]，L 爲繫桿中心距離 [mm]，C 爲 AB 乘積 (mm^3)，B 爲從底部繫桿中心到各面積重心 A 的距離，C 是各 A 對底部繫桿中心的面積矩 (mm^2)，計算舉例見表 4-2。從底部到實際壓力中心的距離

$$\frac{\Sigma C}{\Sigma A} = \frac{19147750\text{mm}^3}{44227\text{mm}^2} = 432.9\text{mm}$$

$$垂直偏心 = \frac{\Sigma C}{\Sigma A} - \frac{L}{2} = 432.9\text{mm} - \frac{700\text{mm}}{2} = 82.9\text{mm}$$

$$垂直偏移率\ e = \left(\frac{\Sigma C}{\Sigma A} - \frac{L}{2}\right)\frac{2}{L} = \frac{82.9\text{mm} \times 2}{700\text{mm}} = \frac{11.8 \times 2}{100} = 0.236$$

本例的水平偏移率爲零。

根據公式 (4-6) 求出偏中心時的鎖模力 F 偏

$$F_e = F_c(1 + e) = F_c(1 + 0.236) \approx 1.24F_c$$

以上說明，此例中壓鑄機所需的鎖模力應比未偏離中心時的鎖模力大 24%。

壓鑄機宛如一台液態金屬泵，雖然迄今爲止仍沿用鎖模力標示壓鑄機型號，但這不足以說明壓鑄機的特性。而射出系統的最大金屬靜壓與流量的關係—PQ^2 圖表示壓鑄機的特性，說明了壓鑄機所能提供的射出能量。根據鑄件生產技術的要求，需求一定的射出能量，選擇合適的壓鑄機就是這兩種能量供需關係的比較。該能量與模具結合，形成一個壓鑄機與壓鑄模系統，這個系統得到完全匹配後，可以得到充分裕度的生產範圍 (技術靈活性)。

表 4-2　面積矩計算舉例

	A/mm^2 各部分面積	B/mm 從底部料管中心到 A 的重心距離	$C = A*B/mm^3$ 各 A 底部料管中心的面積矩
溢流井	2827	250	706750
澆道	1400	315	441000
鑄件	40000	450	18000000
	ΣA = 44227		ΣC = 19147750

每一台壓鑄機的射出系統都有其自身的特性曲線，可惜迄今爲止壓鑄機製造廠還很少直接提供這方面的資料，主要還是由使用者對壓鑄機進行了解和繪製。

4.　繪製 PQ^2 圖

最大金屬靜壓出現在射出終了，柱塞頭速度爲零時，柱塞頭施加在金屬上的壓力 (未加增壓)。

$$p_{max} = \frac{p_1 \times A_1 - p_2 \times A_2}{A} \tag{4-8}$$

其中 P_{max} 爲最大金屬靜壓力 [MPa]，p_1 爲射出缸作用側測得的壓力 [MPa]，p_2 爲射出缸背壓側測得的壓力 [MPa]，A_1 爲作用側射出活塞面積 [mm^2]，A_2 爲背壓側射出活塞面積 [mm^2]，A 爲柱塞頭面積 [mm^2]。

金屬流量在射出缸作用側最大壓力及速度閥門全開，空射時 (壓力等於零時) 的最大金屬熔湯流量，按公式 (4-9)：

$$Q_{max} = 1000 \times (V_0 \times A) \quad (4\text{-}9)$$

其中 Q_{max} 為最大金屬流量 [L/s]，V_0 為空射出時柱塞頭最大速度 [m/s]，A 為柱塞頭面積 [m^2]。

表 4-3　PQ^2 圖繪製舉例

	步驟	舉例
1	已知 Q_{max} = n (L/s)	
2	每一 L/s 即 n = 1，在橫坐標上的刻度 X 用 Δx = 2mm 表示	$X = n^2\Delta x = 1^2 \times 2 = 2(mm)$
3	n = 2 L/s 時 n = 3 L/s 時 ... n = 8 L/s 時	$X = n^2\Delta x = 2^2 \times 2 = 8(mm)$ $X = n^2\Delta x = 3^2 \times 2 = 18(mm)$ ... $X = n^2\Delta x = 8^2 \times 2 = 128(mm)$
4	已知最大金屬靜壓力為 60MPa，平均劃分坐標	取 1MPa = 2 (mm)則 p_{max} = 60MPa 時，縱座標上的刻度為 $2\times 60 = 120$ (mm)
5	如果上述是最大柱塞頭面積 A 時的 Q_{max} 和 p_{max}，則柱塞頭面積遞減 10% 時按公式 (4-8) 和 (4-9) 可得到一組數據，因而有一組 PQ^2 圖，見圖 4-1。	A_1，p_{max} = 66.7MPa Q_{max} = 7.2L/s A_2，p_{max} = 75MPa Q_{max} = 6.4L/s A_3，p_{max} = 85.7MPa Q_{max} = 5.6L/s

4-1-2　決定壓鑄條件

澆口速度可依鑄件平均壁厚、模具壽命、及鑄件表面光滑度來決定。設計時可以參考表 4-4、4-5、4-6。鋁合金一般澆口速度為 30-50m/sec，鋅合金一般澆口速度為 45-60m/sec。

表 4-4 鑄件表面光滑度與澆口速度之關係

鋅、鋁合金	鑄件表面光滑度		
	好	中	普通
澆口速度	50m/s (160ft/s)	40m/s (130ft/s)	30m/s (100ft/s)

表 4-5 考慮模具壽命流道、澆口所允許之速度

合金材質	流道 (runner) 流速		澆口 (gate) 流速	
	最小 Min	最大 Max	最小 Min	最大 Max
Al	10(33)	25(80)	30(100)	50(160)
Zn	20(66)	35(115)	45(150)	60(200)
Cu	25(80)	40(130)	25(80)	40(130)

速度單位：公制 m/s，( )內為英制 ft/s

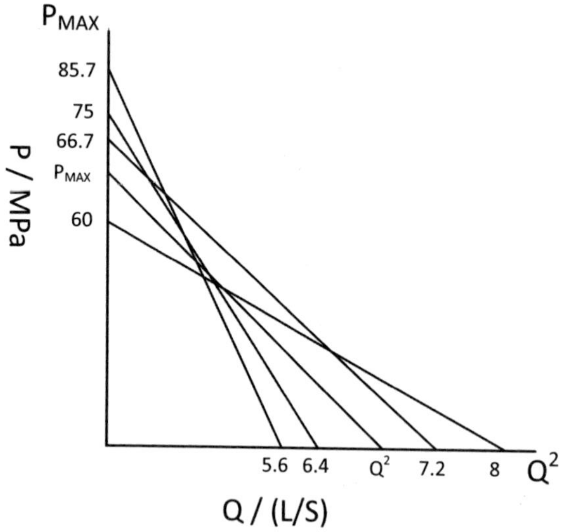

表 4-6 平均壁厚與澆口速度
(鋁合金、鋅合金)

平均壁厚 (mm)	澆口速度 (m/s)
0.8	46~55
1.3~1.5	43~52
1.9~2.3	40~49
2.5~2.8	37~46
2.9~3.8	34~43
3.9~4.5	31~40
4.6~5.1	28~35
6.4	25~32

PMAX
85.7
75
66.7
PMAX
60
P / MPa
5.6 6.4 Q² 7.2 8 Q²
Q / (L/S)

圖 4.1 PQ^2 圖

4-2 壓鑄機的選擇

4-2-1 壓鑄機的型式

壓鑄機分爲冷室和熱室兩大類，又分臥式、立式兩種型式。臥式應用最多，現將常用的壓鑄機作簡介。

1. 臥式冷室壓鑄機

臥式冷室壓鑄機常用於壓鑄鋁、鎂、銅合金，其特點如下：

(1) 金屬熔湯進入模腔轉折少，有利於射出發揮增壓的作用。

(2) 臥式壓鑄機有偏心和中心兩種射出位置，可供設計模具時選用。

(3) 便於操作，便於維修，容易實現自動化。

(4) 金屬熔湯在料管內與空氣接觸面積大，射出時速度選擇不當，容易捲入空氣和氧化物渣。

(5) 設置中心澆口時，模具結構較複雜。

2. 熱室壓鑄機

熱室壓鑄機常用於鉛、錫、鋅、鎂合金等。其特點如下：

(1) 鵝頸管埋入坩鍋內與熔湯合金相通，不需單獨給料，操作程序簡單，大多爲全自動化工作，效率高。

(2) 坩鍋可密封，可通入保護氣體保護合金湯面，對鎂合金熔湯有防止氧化及防止燃燒之特殊意義。

3. 全立式壓鑄機

全立式壓鑄機常用於轉子壓鑄和擠壓鑄造。其特點如下：

(1) 便於放置嵌件

(2) 生產的鑄件氣孔顯著地較普通壓鑄少，又可減少縮孔。

(3) 生產的鑄件可進行熱處理，銲接加工。

(4) 既可生產厚壁，也可生產薄壁鑄件 (目前一些特殊結構的臥式壓鑄機也可進行擠壓鑄造)。

4-2-2 鎖模力的計算

因為模具的尺寸須要配合壓鑄機，而流道系統是否能達到設計時所期望的效果，也要視壓鑄機的能力而定。因此方案設計的第一步就是選擇壓鑄機。通常先以鎖模力的大小來選擇壓鑄機。鎖模力的計算公式如 (4-10)：

$$F_C = \frac{1.3AP}{1000} \tag{4-10}$$

其中 F_C 為鎖模力 [ton]，A 是鑄件的全部投影面積 [cm^2] (成品投影面積加上流道、溢流井等的全投影面積)，P 是鑄造壓力[kg/cm^2]，參考表 4-7、表 4-8：

表 4-7　鋁合金鑄造壓力參考值

鑄造壓力(kg/cm^2)	鑄件品質要求
400~600	僅要求外觀品質 例如：手工具、馬達零件
600~800	要求無砂孔鑄件 例如：汽機車等零件
800~1000	要求無洩漏鑄件 例如：閥類油壓零件

表 4-8　鋅合金鑄造壓力參考值

鑄造壓力(kg/cm^2)	鑄件品質要求
100~200	小型簡單壓鑄件
200~300	一般壓鑄件
300~400	大型複雜壓鑄件

選好壓鑄機後，設計模具時必須要按照此壓鑄機的規格來設計。例如：裝模空間、射出桿的位置及突出量、料管規格等。

4-3 壓鑄條件的決定

4-3-1 鑄件特徵

壓鑄件有許多特性，將其分述如下：

1. 鑄件之精密度

壓鑄件之精密度較其他鑄造法鑄件高，但要求精密度需付出相對成本，為使需求者與製造者更經濟，對鑄件重要部分精密度要求高，但不重要部分則要求較低。通常鑄件精密度會受到以下因素影響：合金種類、模具設計、壓鑄機性能、鑄造條件、製品形狀、模具製作精密度等。

2. 鑄件之鑄肌

壓鑄件其平滑表面可降低機械加工及表面處理之費用，且美觀的鑄肌可以提高商品之價值。鑄件的鑄肌會受到鑄模溫度、鑄造壓力、熔湯溫度、鑄造方式、模具表面狀況、離型劑散布情況等影響。

3. 鑄件之肉厚

壓鑄件之肉厚較其他鑄造法的鑄件薄，但仍有限制，一般鋁合金之厚度以不超過 7mm 為原則，鋅合金則不超過 10mm，表 4-9 為壓鑄件最小肉厚參考值。

4-3-2 充填時間

充填時間的選擇可依鑄件的平均壁厚，或是鑄件表面的光滑度，或是鑄件的重量來選擇。其時間可參考表 4-10、表 4-11、表 4-12、表 4-13：

表 4-9 壓鑄件最小肉厚參考值

製品表面積 (cm^2)	錫、鉛、鋅 (mm)	鋁、鎂 (mm)	銅 (mm)
25 以下	0.1~1.0	0.8~1.0	1.6~2.0
25~100	0.1~1.6	1.2~1.8	2.0~2.5
100~480	1.0~2.0	1.8~2.5	2.5~3.0
480 以上	2.0~2.5	2.5~3.0	3.0~4.0

表 4-10 鑄件重量與充填時間(鋁合金)

製品重量(g)	充填時間(sec)
500 以下	0.03~0.04
500~800	0.04~0.06
800~1500	0.06~0.08
1500 以上	0.08 以上

表 4-11 鑄件表面光滑度與充填時間

鋅、鋁合金	鑄件光滑度		
	好	中	普通
充填時間(sec)	0.010	0.030	0.040

表 4-12　平均壁厚與充填時間(鋁合金)

平均壁厚 (mm)	充填時間 (sec)
1.5	0.01~0.03
1.8	0.02~0.04
2.0	0.02~0.06
2.3	0.03~0.07
2.5	0.04~0.09
3.0	0.05~0.10
3.8	0.05~0.12
5.0	0.06~0.20
6.4	0.08~0.30

表 4-13　平均壁厚與充填時間(鋅合金)

平均壁厚 (mm)	充填時間 (sec)
1.574	0.010
1.905	0.015
2.286	0.022
2.540	0.027
2.790	0.033
3.175	0.048
3.810	0.061
4.572	0.088
5.080	0.109
5.350	0.170

4-3-3 鑄造壓力

鑄造壓力的選擇可參考表 4-7、表 4-8。

4-3-4 柱塞速度

射出依柱塞的運動速度可分爲兩個階段：柱塞低速速度與柱塞高速速度。

第一個階段，柱塞是以低速前進將熔湯充滿料管到澆口的空間。在冷室機有所謂的臨界速度以避免捲入空氣；在熱室機則無所謂的臨界速度，只要避免熔湯的溫度下降即可。

第二個階段，柱塞是以高速前進，以便將熔湯高速射入模腔。熔湯通過澆口的速度稱之爲澆口速度 (gate velocity)，其值通常在 30-60m/s，但鋁合金之澆口速度最好不要超過 50m/s，以免降低模具壽命。

4-4 壓鑄方案

4-4-1 熔湯充填模式

當設計澆流道的時，首先要決定以何種形式來充填鑄件，再設計可達到想要的充填模式的澆流道。

充填模式有兩種基本的模式，一種是橫越式 (cross-over filling pattern)，如圖 4.2。常用於平板的充填。另一種是漩渦式充填 (swirl filling pattern)，如圖 4.3。常用於中央有孔的圖形鑄件。

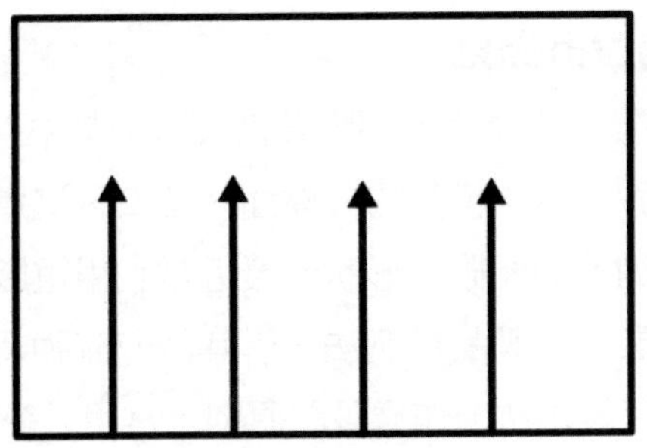

圖 4.2　橫越式充填

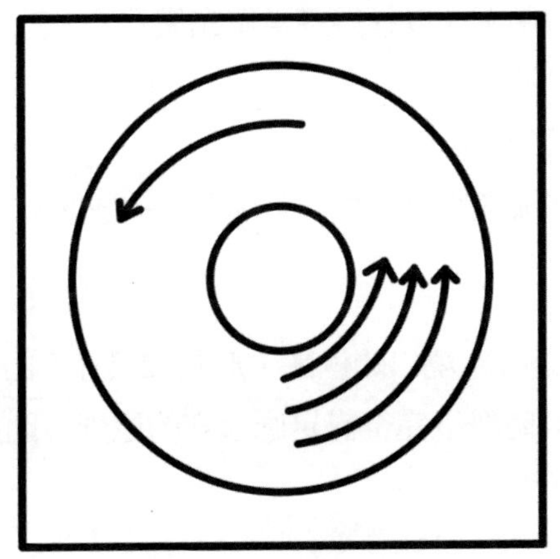

圖 4.3　漩渦式充填

決定充填模式的技巧之一，是將鑄件展開成平面。然後按可能的澆口位置將鑄件劃分為幾個充填區域，每個區域的體積應該與所對應的澆口所能提供的熔湯量成比例，決定充填模式的原則如下：

1. 各個充填區域盡量能同時充填完畢。
2. 非直接充填區域 (ungated zone) 越小越好。
3. 金屬流動路徑 (metal flow path) 越短越好。

4-4-2 壓鑄方案的設計原則

決定壓鑄品的品質及生產性的要因非常複雜。其中以方案爲最重要原因。關於壓鑄的方案，大致可說：模具的分模面、鑄口、流道、澆口、溢流井、排氣、冷卻水孔、頂出銷等的配置及形狀。最近常利用電腦分析這些方案的最適當狀態，以利設計作業。若製品爲無法分析其溶液流動及凝固者，則以基本的熔湯流動理論，再輔以經驗法則作爲設計原則，常用之經驗法則如下：

1. 熔湯以最短路徑充填模穴。
2. 熔湯流動模式與鑄件幾何形狀匹配。
3. 熔湯從鑄件重要特徵填充以獲得適當填充模式。
4. 利用鋪平技術分割流徑。
5. 流徑間應該相互平行或發散。
6. 模具內所有模腔或流徑應該在相同時間填充完成。

4-4-3 澆口設計

澆口的設計主要是確定澆口的位置、形狀和尺寸。由於鑄件的形狀複雜，涉及的因素很多，設計時難以完全滿足應遵守的原則，因此進行澆口設計時，經驗是很重要的因素。

1. 澆口設計原則

(1) 熔湯從鑄件厚壁處向薄壁處填充，但澆口速度須參考薄壁處設定。

(2) 澆口的設置要使進入模腔的熔湯先流向遠離澆口的部位。

(3) 熔湯進入模腔後，不宜立即封閉分模面、溢流井和排氣道。

(4) 從澆口進入模腔的熔湯，不宜正面衝擊中子。

(5) 澆口的設置應便於切除。

(6) 熔湯進入模腔後的流向要沿著鑄件上的肋和散熱片特徵。

(7) 選擇澆口位置時，應使熔湯流徑盡可能短，對於形狀複雜的大型鑄件最好設置中心澆口。

2. 澆口截面積計算

流量計算法，先依表 4-14 決定充填時間，再根據表 4-15 建議的充填速度計算所需的澆口截面積。

$$A_g = \frac{m}{\rho v_g t} \tag{4-11}$$

其中 A_g 為澆口截面積 [mm^2]，m 為通過澆口熔湯質量 [g]，ρ 為熔湯密度 [g/cm^3]，見表 4-16，v_g 為澆口處的熔湯速度，見表 4-15，t 為模腔充填時間，見表 4-14。

表 4-14　充填時間推薦值

平均壁厚 (mm)	充填時間 (s)
1.5	0.01~0.03
1.8	0.02~0.04
2.0	0.02~0.06
2.3	0.03~0.07
2.5	0.04~0.09
3.0	0.05~0.10
3.8	0.05~0.12
5.0	0.06~0.20
6.4	0.08~0.30

當鑄件壁較薄且表面要求較高時，選用較高的充填速度，對機械性質如抗拉強度要求較高時，選用較低的速度。

表 4-15 充填速度推薦值

合金種類	鋁合金	鋅合金	鎂合金	黃銅
充填速度(m/s)	20~60	30~50	40~90	20~50

表 4-16 熔湯密度

合金種類	鉛合金	錫合金	鋅合金	鋁合金	鎂合金	銅合金
g/cm^3	8~10	6.6~7.3	6.4	2.6	1.65	7.5

鑄件平均壁厚 t 依公式 (4-12) 計算：

$$t = \frac{b_1S_1+b_2S_2+b_3S_3+\cdots}{S_1+S_2+S_3+\cdots} \tag{4-12}$$

其中 b_1、b_2、b_3 為鑄件某部位之壁厚 [mm]，S_1、S_2、S_3 為 b_1、b_2、b_3 部位之面積。鋁合金取較大的值，鋅合金取中間值，鎂合金取較小的值。

3. 澆口截面積

依 W. Davok 提出之澆口截面積經驗公式決定之，即

$$A = 0.18m \tag{4-13}$$

其中 A 為澆口截面積 [mm^2]，m 為鑄件質量 (g)，本公式適用於重量 150g 以下的鋅合金鑄件與中等壁厚鋁合金鑄件。

4. 扇形澆口系統設計

對於澆口長度受限制的鑄件，扇形澆口系統會較合適。扇形澆口系統的特性是在澆口中央速度較高，澆口兩端速度較小，如圖 4.4。若將澆口開得太寬，兩側並沒有熔湯射出，如圖 4.5。因此澆口兩端的夾角應小於 90°，如圖 4.6。

由於扇形澆口系統道由較窄的流道轉變到較寬的澆口，熔湯流動的方向會改變，因此截面積由進口到出口應減少 20%~40%，可使用圖 4.6 中的方式來計算截面的寬與深。建議比例如下：

流道面積：澆口面積 ＝ 1.4 ：1

流道寬度：厚　　度 ＝ 3 ：1

扇形長度：澆口寬度 ＝ 1.34：1

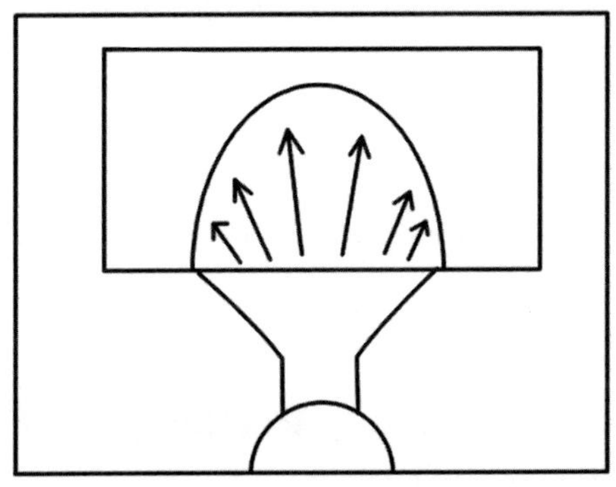

圖 4.4　扇形澆口系統

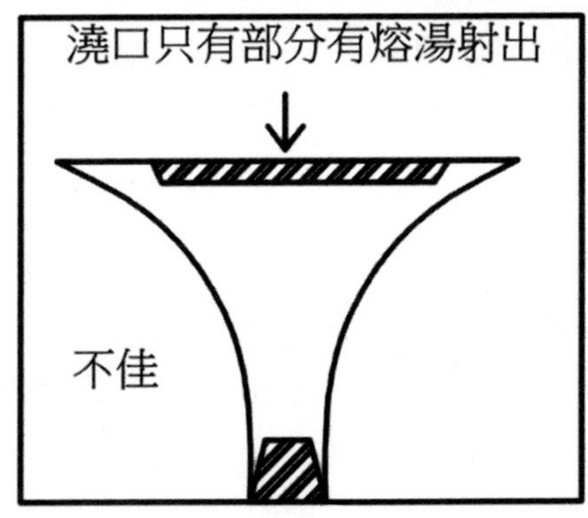

圖 4.5　澆口太寬之情形

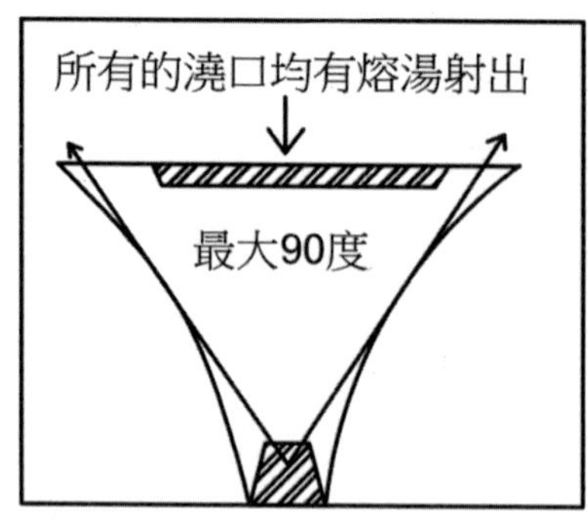

圖 4.6 澆口的夾角小於 90 度

4-4-4 流道設計

在決定壓鑄條件及澆口設計之後，便可以開始設計流道系統。下面是設計流道的一般性原則：

1. 充填困難或重要特徵的地方最優先考慮。
2. 各澆口大小應按其主要充填部分之鑄件體積依比例分配。
3. 澆口位置避免在容易受阻的地方。
4. 流道與澆口必須維持平衡。
5. 流道轉彎處設突出部，可以緩衝，及吸收雜質 (如：前端氧化物)。
6. 避免流道急轉彎及截面積突然改變，以免造成亂流捲入空氣。
7. 流道轉彎時，截面積應該適度縮小，才不會捲入空氣。

錐形流道系統設計

錐形流道可用於長度較大的澆口，流道所占的體積卻較小。錐形流道的特性是藉著改變流道入口面積與澆口面積的比，可以控制流動角的大小。藉著控制流動角，便可控制充填模式，圖 4.7 是不同流動角對充填區域的影響。使用錐形流道時，流道尾端的速度容易較大，如圖 4.8 所示。因此要注意控制流道的截面積，使澆口速度均勻。並且在流道的尾端應該裝置緩衝器 (absorber)。緩衝器的形狀如圖 4.9。

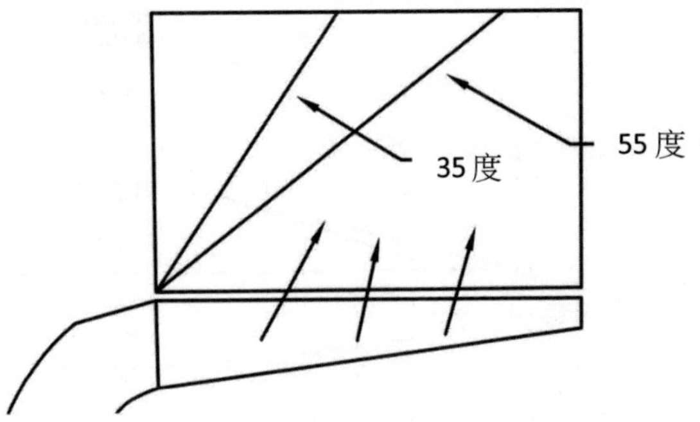

圖 4.7　不同流動角對充填區域的影響

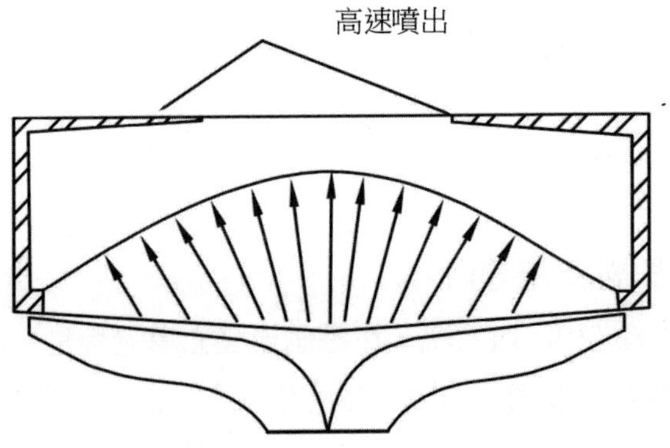

圖 4.8　錐形流道尾端的速度較大

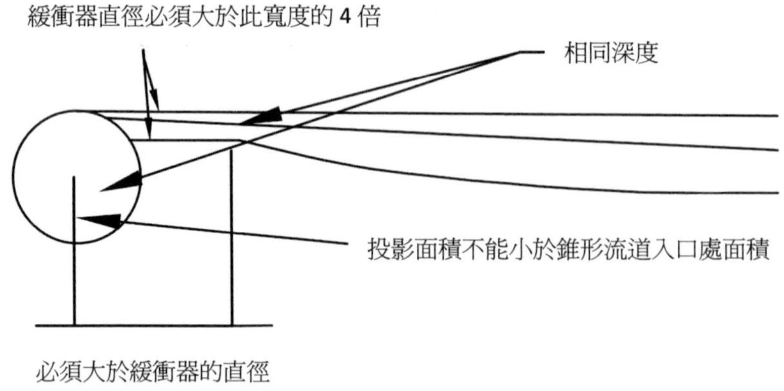
緩衝器直徑必須大於此寬度的 4 倍
相同深度
投影面積不能小於錐形流道入口處面積
必須大於緩衝器的直徑

圖 4.9 緩衝器示意圖

4-4-5 溢流井與逃氣道設計

溢流井與逃氣道和流道系統，在整個模腔充填過程是一個不可分割的整體，爲了提高鑄件品質及消除缺陷，溢流井與逃氣道的設計亦是重要的環節。溢流井與逃氣道的位置與數量、尺寸與容量，與鑄件品質均有密切的關係。

1. 溢流井的作用：

(1) 在使熔湯前進時，原先充滿於流道及模腔之空氣及微量的氧化物，可以流至溢流井內，減少鑄件內的缺陷。

(2) 與逃氣道配合，迅速排出模穴內的氣體，增強逃氣效果。

(3) 控制充填模式，防止局部產生渦流捲入氣體。

(4) 調節模具各部份的溫度，改善模具熱平衡狀態，改變最後凝固縮孔位置，及減少鑄件流紋、冷接紋等缺陷現象。

(5) 當鑄件中不能設頂出銷時，作爲鑄件之頂出位置，避免鑄件頂出變形，或在鑄件表面留有頂出銷痕跡。

(6) 增加在可動模側之附著力，開模時鑄件可正確地保持在可動模上面。

(7) 對於真空壓鑄技術模具，溢流井常作爲排出氣體的起始點。
(8) 溢流井可以作爲鑄件存放、運輸及加工時支撐點，吊掛、夾持或定位的附加部分。

2. 決定溢流井位置

(1) 溢流井應設於熔湯最後充填的位置，可吸收氧化物與前端固化部分，改善鑄件內部品質。
(2) 溢流井應設於模腔易積留空氣之處，吸收捲入空氣的金屬熔湯，配合逃氣道，排出模腔內空氣。
(3) 溢流井可提供鑄件的頂出位置或夾持、定位的部分。
(4) 溢流井可提供模腔須要熱平衡的位置。

溢流井尺寸設計

溢流井通常設置於分模面上，其外端常連接逃氣道。按照充填模腔時金屬熔湯的流動方向與流徑，將模腔分爲若干區域，每一區域的一端爲澆口，另一端設置溢流井。每一個溢流井的體積，可參考表 4-17：

表 4-17 溢流井的體積

壓鑄件壁厚 (mm)	溢流井體積占相鄰模腔體積百分比(%)	
	鑄件具有較低的表面粗糙度	鑄件表面允許少量皺褶
0.90	150	75
1.30	100	50
1.80	50	25
2.50	25	25
3.20	–	–

註:金屬熔湯每流過流道和模腔 250mm，溢流井的體積還要在表中所列的數據加 20%。

逃氣道設計

逃氣道一般與溢流井配合，佈置在溢流井後端以加強溢流和排氣效果。但很多狀況只靠溢流井之逃氣道，無法滿足逃氣的需求，再加工必要部分佈置獨立的逃氣道。

逃氣道的總截面積 (A_{vent}) 須大於澆口面積 (A_g) 1/3 以上，即

$$A_{vent} > \frac{1}{3} \cdot A_g \tag{4-14}$$

因爲模腔內空氣必須在充填時間內排出，假設澆口面積爲 A_g，壓鑄澆口速度爲 V_g，逃氣道面積爲 A_{vent}，空氣排出速度爲 V_{air}，則須滿足以下條件：

$$V_{air} \cdot A_{vent} > V_g \cdot A_g \tag{4-15}$$

而空氣排出的最大自然流速約 200m/sec，所以 $V_{air} \leqq 200$m/sec。一般壓鑄澆口速度，$30 \leqq V_g \leqq 60$m/sec，因此，可以得到一個比較保守的逃氣道面積，如公式所示，即

$$A_{vent} > \frac{1}{3} \cdot A_g \tag{4-16}$$

逃氣道的位置和結構

(1) 分模面上佈置逃氣道的結構

在分模面上也可以直接從模腔邊緣引出平直或曲折的逃氣道，也可在溢流井的端部佈置逃氣道。爲了避免金屬熔湯由逃氣道噴濺出，逃氣道的建議尺寸如表 4-18，逃氣道在距離模腔 20~30mm 以上，或到達外模時，可將其深度增大至 0.3~0.4mm，以提高其排氣效果。如需要增大逃氣面積時，以增大逃氣道的寬度和槽數爲宜，不宜過分增加其深度，以防金屬濺出。

(2) 頂出銷間隙逃氣道的結構

在不容易設置分模面逃氣道的地方，可利用頂出銷間隙逃氣，其結構又可分爲頂出銷與頂出襯套 2 種。

表 4-18 逃氣道尺寸

合金種類	逃氣道深度 (mm)	逃氣道寬度 (mm)
鉛合金	0.05~0.10	10~30
鋅合金	0.05~0.12	
鋁合金	0.10~0.15	
鎂合金	0.10~0.15	
銅合金	0.15~0.20	

(3) 中子鑲固部分間隙排氣結構

中子鑲固部分間隙排氣結構可分為三種：

A. 中子鑲固部分間隙排氣結構 (圖 4.10)：利用中子鑲固部分決定逃氣道間隙，d 取 0.04~0.06mm 左右，L 取 10~15mm。但此種結構易被離型劑與熔湯所堵塞。

B. 中子端部間隙排氣結構(圖 4.11)：利用中子端部伸入對面模腔決定逃氣道間隙，如圖 4.10。 d 一般在 0.05mm 左右，配合段長度 L 一般取 10~15mm。此種結構對長形中子有加固作用，但排氣效果較差。

C. 中子端部配合溢流井排氣結構(圖 4.12)：對於較大通孔的中子可在頂部利用配合間隙進行排氣，這種逃氣道經常和溢流井配合使用。

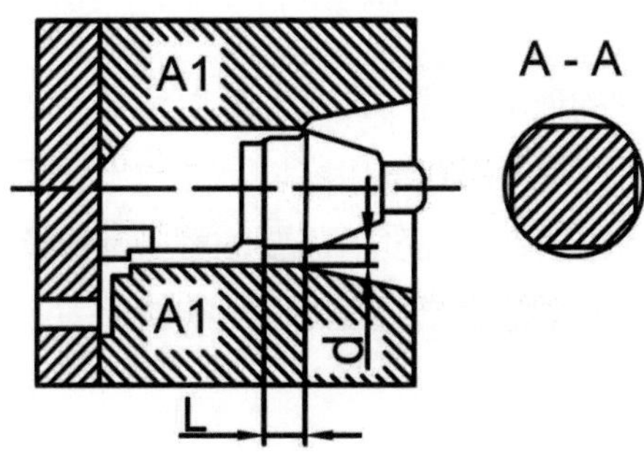

圖 4.10 中子鑲固部分間隙排氣結構

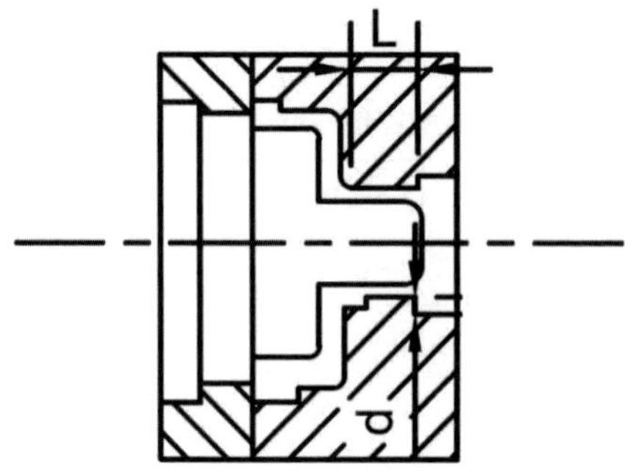

圖 4.11　中子端部間隙排氣結構

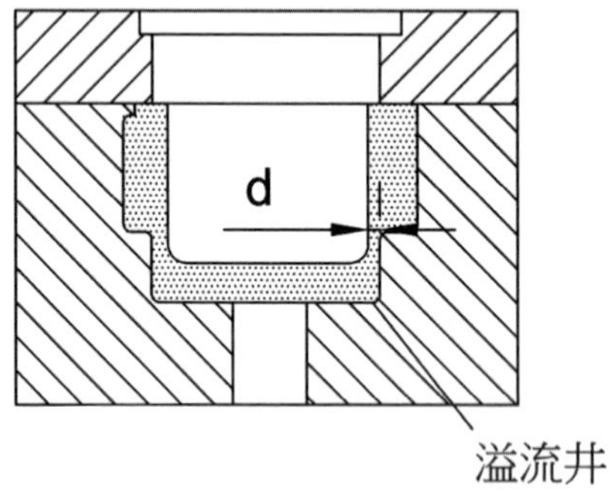

圖 4.12　中子端部配合溢流井排氣結構

4-4-6　PQ^2 圖

PQ^2 圖是壓鑄製程的理論基礎，P 代表壓力， Q 代表流率，它說明壓鑄在高速射出階段的情形。希望熔湯在澆口處以高速射出，但熔湯是否能以所希望的速度射出，則牽涉到要達到此速度所需要的壓力及壓鑄機是否可供給足夠的壓力。PQ^2 圖就是用來預測壓鑄機可否提供足夠的壓力，進而預測澆口速度是否可達到所需的要求。

1.　模具阻抗曲線

由流體力學可以得到公式(4-17)：

$$V_g = C_d\sqrt{2g/\rho \times P} \quad (4\text{-}17)$$

其中 V_g 是澆口速度 [m/s]，C_d 是吐出係數 (代表有能量損失與無能量損失的速度比值，通常對鎂、鋁其值約爲 0.5，對鋅其值約爲 0.6)，g 是重力加速度 [9.8m/s^2]， ρ 金屬熔湯密度 [g/cm^3]， P 是壓力 [kgf/cm^3]。

這個式子在壓鑄上的意義是：若我們想要在澆口處有 V_g 的速度，就必須供給 P 壓力。由於

$$Q = V_g \times A_g \quad (4\text{-}18)$$

其中 Q 是流率 [cm^3/s]，V_g 是澆口速度 [m/s]， A_g 是澆口面積 [mm^2]，將此式代入上式，可得到

$$P = \rho Q^2/(2gAg^2Cd^2) \quad (4\text{-}19)$$

對於一個固定的澆口面積，把式 (4-19) 畫在一個以壓力 P 爲縱軸，Q 爲橫軸的座標平面，可以得到圖 4.13。爲了使用方便，通常把橫座標由 Q 變成 Q^2 ，如此壓力需求曲線就會變成一條直線，如圖 4.14 所示。而不同的澆口面積，就可畫出不同的直線，如圖 4.15 所示，澆口面積愈大，愈偏向右下方。

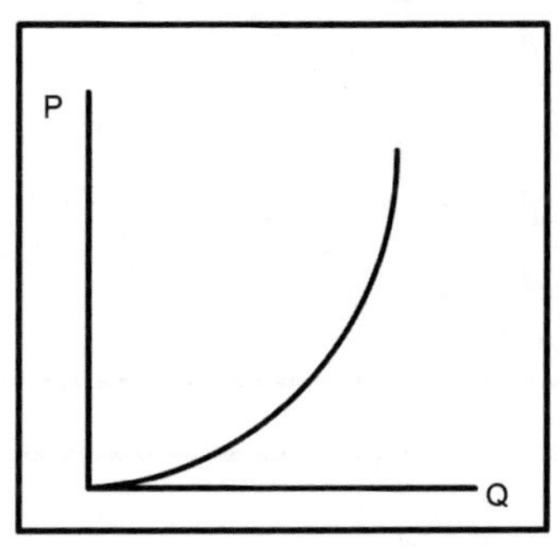

圖4.13　壓力需求曲線

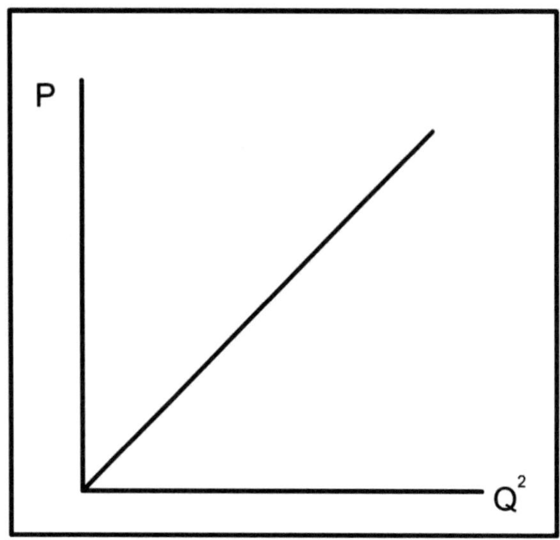

圖 4.14　壓力需求曲線

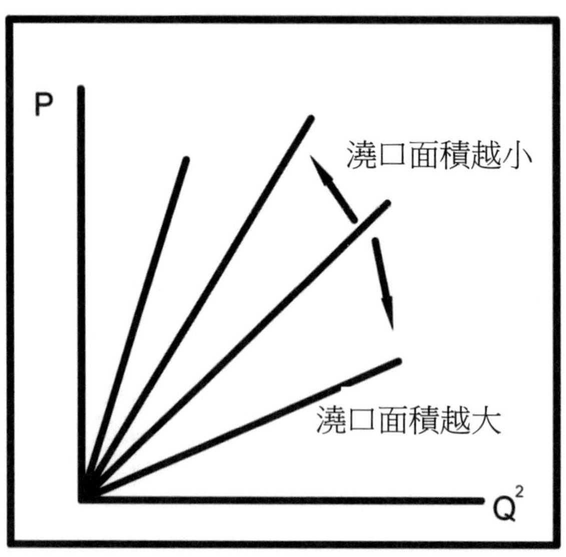

圖 4.15　澆口大小對壓力需求曲線之影響

2. 壓鑄機特性曲線

由式 (4-18) 可知，要得到 V_g 的速度，必須供給 P 壓力，而這個壓力來源就是壓鑄機的蓄壓器。但蓄壓器的壓力並非就等於 P ，它們會有下列的關係：

$$P = P_A(1 - {V_p}^2/{V_{DRY}}^2) \tag{4-20}$$

其中 P 是料管中的有效壓力，P_A 是蓄壓器所能提供的最大壓力，V_P 是柱塞速度，也等於料管中的金屬熔湯速度，V_{DRY} 是柱塞空射速度，代表壓鑄機克服內部阻力後所表現出來的射出能力。

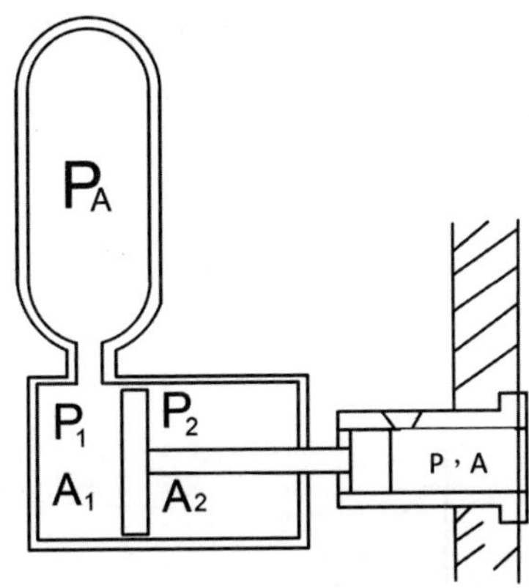

圖 4.16　壓鑄機射出系統示意圖

圖 4.16 是一個簡化的壓鑄機射出系統的圖形。P_1、P_2、P 是壓力，A_1、A_2、A 是相對位置的截面積。當柱塞中速度 $V_P = 0$ 時，由靜平衡可知：

$$PA = P_1A_1 - P_2A_2 \tag{4-21}$$

$$P = (P_1A_1 - P_2A_2)/A \tag{4-22}$$

所以式 (4-22) 中，$P = (P_1A_1 - P_2A_2)/A$ ，當 $V_P = V_{DRY}$ 時，$P = 0$，這代表所供給的能量全部變成金屬熔湯的動能。

公式 (4-20) 的意義就是當柱塞的速度為零時，料管中的有效壓力最大，而當柱塞有速度時，所供給的能量一部分成為料管的有效壓力，一部分轉變成金屬熔湯的動能。而當料管內沒有阻力時，所有的能量都變成動能，這就是空射速度。又由於

$$Q = V_P \times A \tag{4-23}$$

其中 Q 是流率，V_P 是柱塞速度，A 是料管截面積，將式 (4-23) 代入式 (4-20)，可得到

$$P = P_A\left(1 - Q^2 V_{DRY}{}^2 / A^2\right) \tag{4-24}$$

同壓力需求曲線一樣，把式 (4-24) 畫在以 P 為縱軸，Q^2 為橫軸的座標平面上，可以得到一條壓力供給曲線，如圖 4.17。

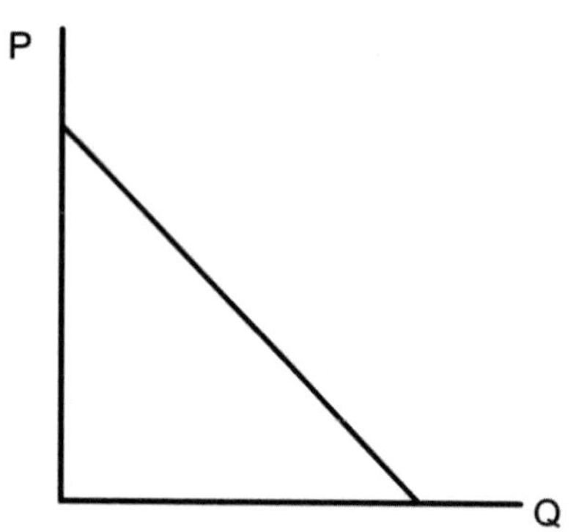

圖 4.17　壓力供給曲線

接下來要看一下，當變動壓鑄機的一些設定時，對這條線會怎樣的影響：

當把蓄壓器的壓力加大時，最大壓力會變大，空射速度也會變大，因此整條線會向右上方移動。反之，當我們把蓄壓器的壓力減小時，整條線會向左下方移動。如圖 4.18 所示。

當料管直徑變大時，最大壓力會變小，但流率會變大，因此整條線會以逆時針方向變動。當料管直徑變小時，其情形相反，整條線會順時針方向變動，其變化如圖 4.19 所示。若我們調整壓鑄機高速閥時，則最大壓力不會改變，但空射速度會改變，其變化如圖 4.20 所示。

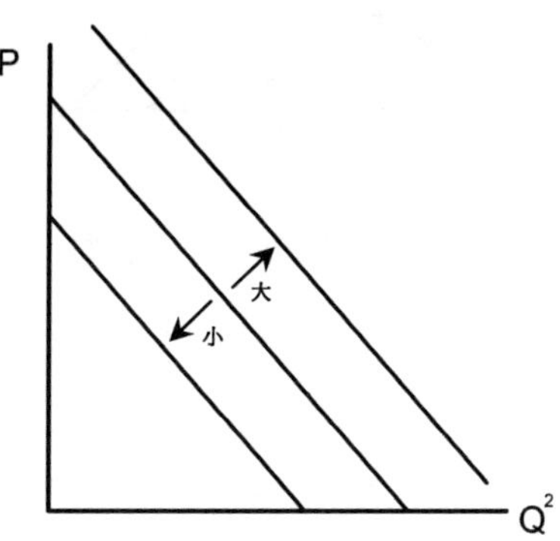

圖 4.18 壓力變化之影響

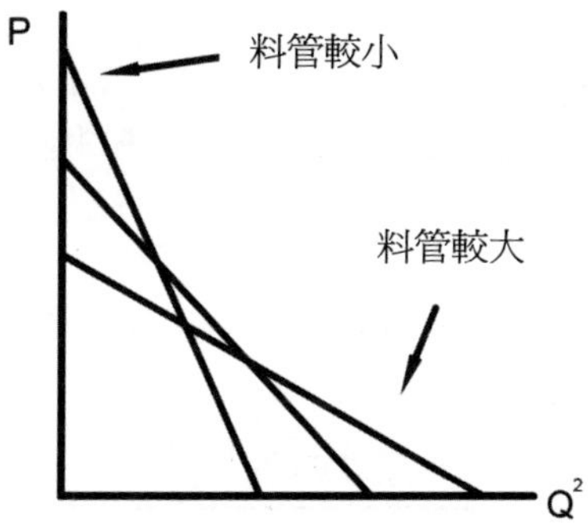

圖 4.19 料管大小之影響

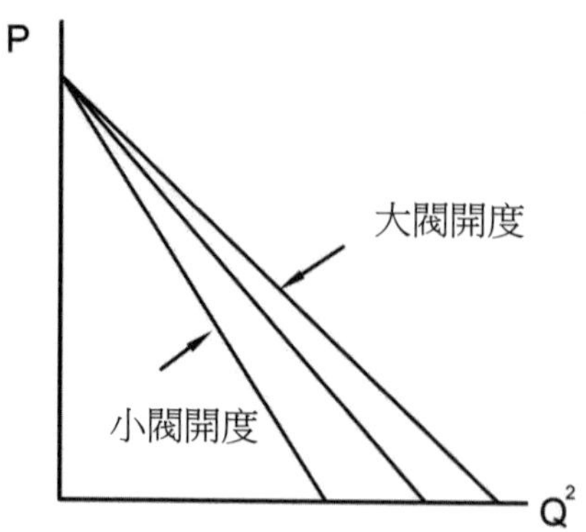

圖 4.20 閥門開度之影響

3. 工作視窗

當把壓力需求曲線和壓力供給曲線畫在一起時，這就是所謂的 PQ^2 圖，如圖 4.21 所示。而這兩條線的交點就代表在特定的模具和壓鑄機設定時，高速射出的狀況。就可依此點的值，算出澆口速度與充填時間。

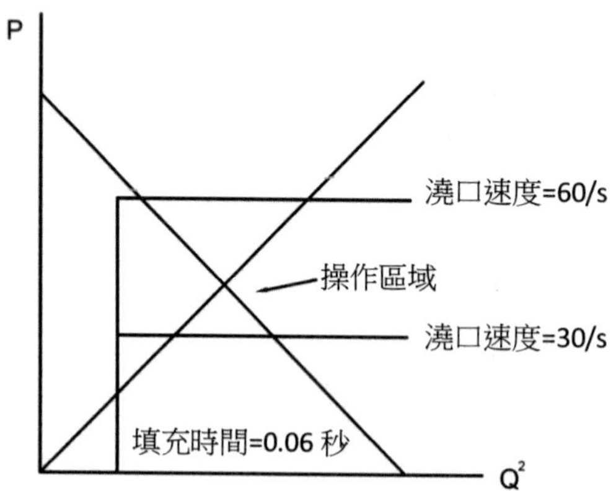

圖 4.21 壓力需求曲線和壓力供給曲線 (PQ^2 圖)

那麼這個交點應該交在那裏呢？由ADCI(American Die Casting Institute)的建議，澆口速度應在 30m/s~60m/s，可找出相對所需要的壓力值。而充填時間應該不大於 0.06 秒，可以用

$$t = V_T/Q \tag{4-25}$$

其中 t 為充填時間，V_T 為鑄件體積(含溢流井、逃氣道)，Q 是流率

算出相對的流率，因此在 PQ^2 圖上就會出現一個區域，如圖 4.21 稱為操作區域（Operation Window），交點在這個區域內，都可以接受。萬一射出情形不理想時，該如何調整呢？由 PQ^2 圖可知，當澆口面積加大時，交點會向右下方移，如圖 4.22。這代表了壓力降低，而導致澆口速度降低；但流率會變大，使充填時間變短。若希望速度增加，充填時間也變短，就需要把蓄壓器壓力加大，使交點位置向右上方移動。PQ^2 圖是壓鑄製程的理論基礎，由以上所舉的例子，可知 PQ^2 圖不僅可以幫助我們了解壓鑄在高速射出時的情形，更可幫助我們預測壓鑄製程參數變化所產生的影響。.

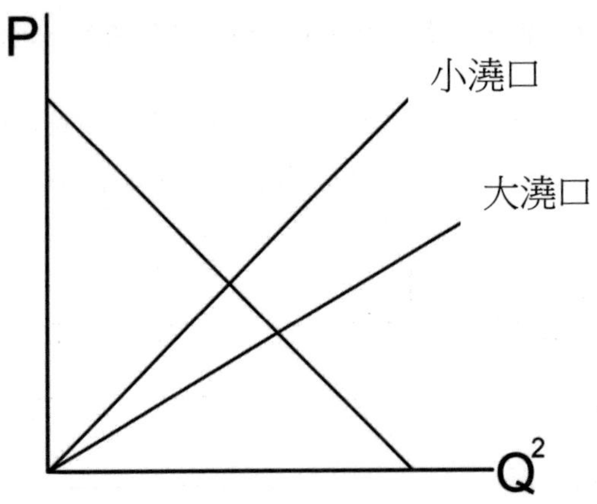

圖 4.22　澆口面積加大，交點向右下方移動

4-4-7 應用範例

本節使用鋁合金普利盤模具(國立台灣海洋大學學生作業)爲例，介紹壓鑄模具設計的程序，及設計時所應考慮的一些因素。經由實際的計算，讀者可以知道一些設計參數的來源，及模具設計之概念。

1. 壓鑄機的選擇

一模一穴的安全係數取 1.3，投影總面積爲 157cm^2，鑄件屬於結構件，所以在鑄造壓力上選擇 800kgf/cm^2，另外因此鑄件外觀特徵，需使用左右兩個側滑塊協助拔模，在總噸數上需疊加側滑塊所造成的分模力。

根據公式 (4-26) 計算分模力計算：

$$T=\frac{A_p\times k\times P}{1000}=\frac{157\times 1.3\times 800}{1000}=163\text{ton} \tag{4-26}$$

其中 k 爲安全係數，A_p爲投影面積 [cm^2]，P爲鑄造壓力 [kgf/cm^2]。

側滑塊拉拔力計算：

$$F_{ss}=A_{sp}\times P_{ct}\times\tan\theta=29150\times 800\times\tan 30^{\circ}/1000=20.1\text{ton} \tag{4-27}$$

其中A_{sp} 爲側滑塊法向方向與鑄件接觸的投影面積 (29150cm^2)，如圖 4.23，P_{ct} 爲鑄造壓力 [kgf/cm^2]，θ 爲斜銷傾斜角度 (本案例取 30 度)。

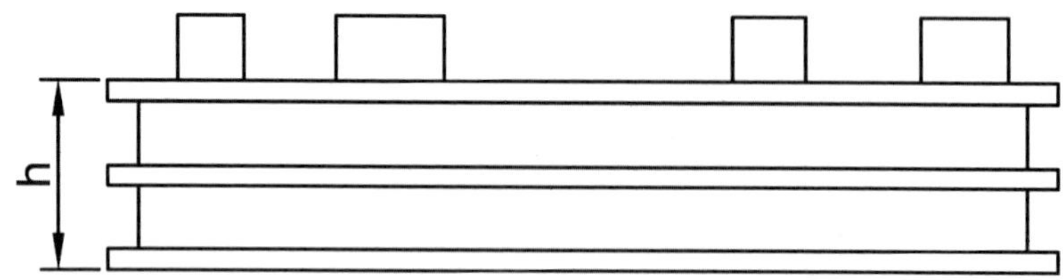

圖 4.23 計算側滑塊的投影面積，鑄件直徑與 h 相乘 (h 為側滑塊的寬度)

2. 總噸數計算

$$T_{total} = T + F_{ss} \tag{4-28}$$

$$T_{total} = 163 + 20.1 \times 2 = 203ton \tag{4-29}$$

所以選擇 250ton 的壓鑄機，其資訊如表 4-19 所示。可發現若無計算側滑塊所造成的分模力，最後在壓鑄機的選擇上可能就會選擇鎖模力 180 噸的壓鑄機機種，因此在計算上要特別注意。

表 4-19　壓鑄機規格表

噸數	250 ton
射出缸內徑	110 mm
標準柱塞直徑	60 mm
最大空射速度	6.0 m/sec
射出缸最大油壓	210 Kgf/cm^2

3. PQ^2圖的繪製

由表 4-19 得知射出缸最大油壓為 210kgf/cm^2、空射速度 6m/s，柱塞直徑為 ∅60mm。由公式 4-24 可得到 P_{max} 與 Q_{max}，可畫出壓鑄機最大壓力供給曲線，並可藉由此方式畫出所需之壓力供給曲線。

$$P_{max} = 油壓_{max} \times \frac{A_{射出缸}}{A_{柱塞頭}} \tag{4-30}$$

$$Q_{max} = V_{空射} \times A_{柱塞頭} \tag{4-31}$$

使用的材質為鋁合金 ADC12，C_d 為 0.5，任意假設 P 為 600 kgf/cm^2 時和不同的澆口截面積，經公式 4-19 便可得到該澆口面積之壓力需求曲線。將壓力供給曲線圖和壓力需求曲線圖疊合後可得 PQ^2 圖，如圖 4.24。最後求出其交點，算出各截面積所對應之澆口速度與充填時間，如表 4-20。選取澆口截面積 160mm^2是因為鑄件屬於厚件，澆口速度適合在 40~60m/s 之間，充填時間 27 m/s 也在理想範圍內。

$$V = 14 \times C_d \times \sqrt{\frac{P}{\rho}} \qquad C_d = 0.5(Al) \qquad \rho = 2.7g/cm^3 \tag{4-32}$$

$$V^2 = 49 * \frac{P}{\rho} = \frac{Q^2}{A^2} \rightarrow Q^2 = \frac{49*P*A^2}{\rho} \tag{4-33}$$

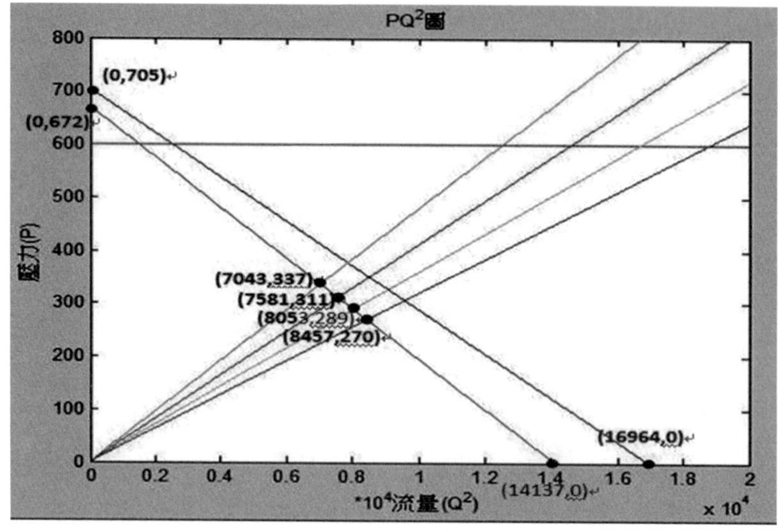

圖 4.24　PQ² 圖

表 4-20　截面積所對應的澆口速度和充填時間的關係

截面積 (mm^2)	速度 (m/s)	時間 (s)
120	58.69	0.032
140	54.15	0.029
160	50.33	0.027
180	46.98	0.026

4. 模擬參數

在進行 CAE 的模擬前，首要條件要進行相關參數的設定，使用的材料爲 ADC12 鋁合金，模具則使用 SKD61，其材料性質如表 4-21 、表 4-22 所示。而模擬使用的柱塞速度和時間的對應關係如圖 4.25 所示。

表 4-21　ADC12 的材料性質

ADC12 材料參數	
液相溫度(℃)	582
固相溫度(℃)	535
比熱(cm^2/s^2・℃)	1.25e7
密度(g/cm^3)	2.62
熱傳導係數 ($g・cm/s^3$・℃)	1.04e7

表 4-22　SKD61 的材料性質

SKD61 材料參數	
比熱(cm^2/s^2・℃)	5.43e6
密度(g/cm^3)	7.8
熱傳導係數 ($g・cm/s^3$・℃)	2.171e6
模具溫度	200
熱傳係數(g/s^3・K) 模具-熔湯	2.0e7

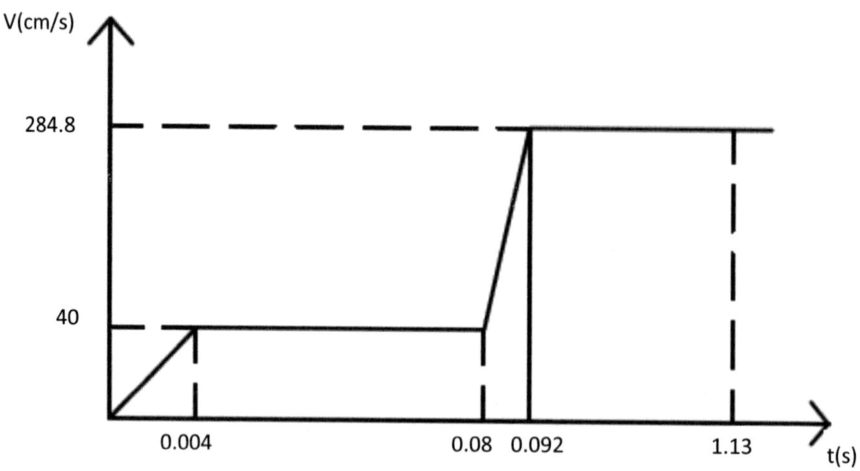

圖 4.25　柱塞的速度和時間的對應圖

5.　不同的流道設計

在經驗法則裡，圓形鑄件一般建議從兩側充填，而本案例共設計了三種不同的流道做爲比較。

單流徑充填：從鑄件下方以一個流道充填鑄件，使用梯形斷面流道，扇形給料的形式如圖 4.26，不同位置的截面積變化如圖 4.26 所示。

雙流徑充填:從主流道分岔產生兩個支流道，從鑄件 30 度夾角的位置向中心充填，目標爲先充填鑄件重要特徵—中心圓孔，不同位置的截面積變化如圖 4.27 所示。

雙流徑充填 (修改)：更改上述設計中可能產生問題的流道截面，在澆口前另外新增一段扇形給料的設計，並在鑄件可能產生缺陷處增加溢流井的設置，如圖 4.28 所示，不同位置的截面積變化，如圖 4.28 所示。

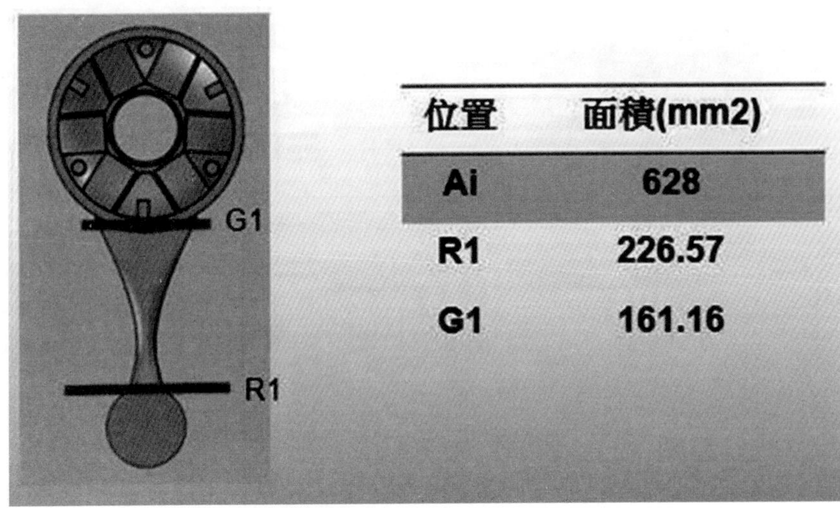

位置	面積(mm2)
Ai	628
R1	226.57
G1	161.16

圖 4.26　單流徑之流道設計

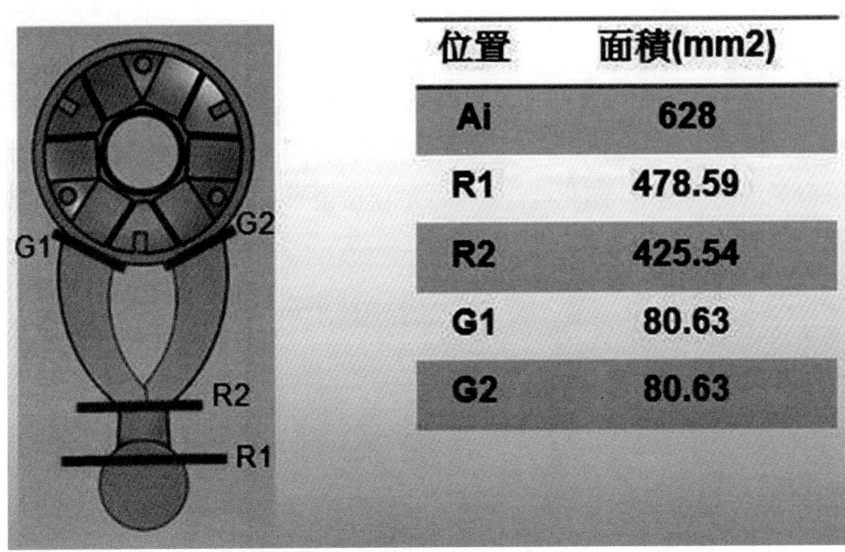

位置	面積(mm2)
Ai	628
R1	478.59
R2	425.54
G1	80.63
G2	80.63

圖 4.27　雙流徑之流道設計

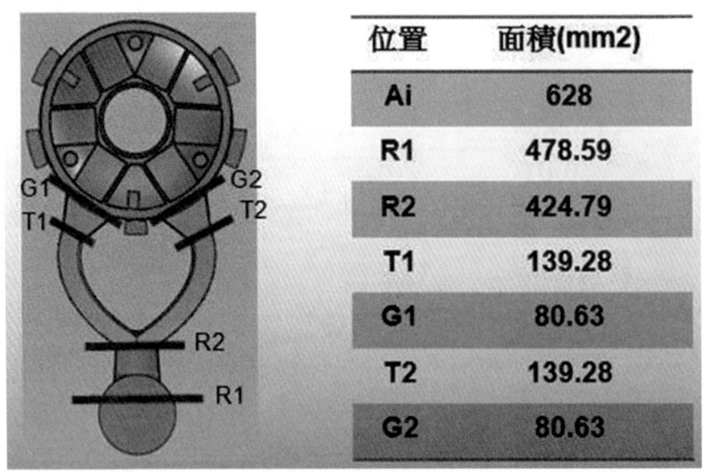

位置	面積(mm2)
Ai	628
R1	478.59
R2	424.79
T1	139.28
G1	80.63
T2	139.28
G2	80.63

圖 4.28　雙流徑之流道設計(修改)

6.　分析結果綜合評估

由結果來做判斷的話，可以發現單流徑和雙流徑 (修改) 在最後的模擬結果都是可以接受的，但是若考慮到其充填過程，馬上就可以發現單流道的充填過程中將導致很多氧化物的沉積，甚至於熔湯皆有可能發生預固化的情形；而原始的雙流徑的充填在分岔處的位置會產生空氣袋的現象，還有在鑄件的特定位置有多餘的氧化物集中。因此進行第三次的模擬後，即雙流徑之流道設計 (修改) 的結果是最好的。

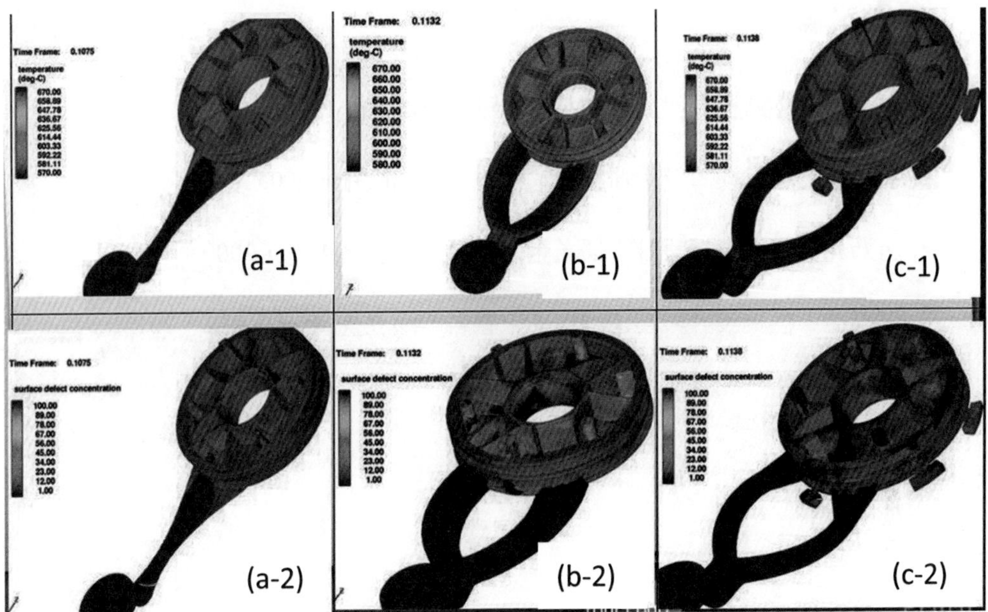

圖 4.29 數值軟體分析結果：(a-1)(a-2)單流徑流道設計；(b-1)(b-2)雙流徑流道設計；(c-1)(c-2)雙流徑流道設計(修改)

參考文獻

1. 洪榮哲，壓鑄模具設計與製造，全華科技圖書，1996。

2. 潘憲曾，壓鑄模設計手冊，中國機械工業出版社，2005。

3. 唐乃光，壓鑄模具設計手冊，金屬工業研究發展中心，2000。

4. 洪國益，模具設計與製造課程期末報告，國立臺灣海洋大學，2012。

第五章　模流分析簡介

5-1　模流分析簡介

CAE(Computer Aided Engineering) 是用計算機輔助求解複雜工程和產品結構強度、剛度、屈曲穩定性、動力響應、熱傳導、三維多體接觸、彈塑性等力學性能的分析計算及結構性能的最佳化設計等問題的一種近似數值分析方法。CAE 從 60 年代初在工程上開始應用到今天，已經歷了 50 多年的發展歷史，現已成為工程和產品結構分析中 (如：航空、航太、機械、土木結構等領域) 不可缺少的數值計算工具，同時也是分析連續力學各類問題的一種重要手段。隨著計算機技術的普及和不斷提高，CAE 系統的功能和計算精度都有很大提高。各種基於產品需求建模的 CAE 系統應運而生，並已成為結構分析和結構優化的重要工具，同時也是計算機輔助 4C 系統 (CAD/CAE/CAPP/CAM) 的重要環節。CAE 系統的核心思想是結構的離散化，即將實際結構離散為有限數目的單元組合體 (元素)，實際結構的物理性能可以通過對離散體進行分析，得出滿足工程精度的近似結果來替代對實際結構的分析，這樣可以解決很多實際工程需要解決而理論分析又無法解決的複雜問題。

5-1-1　電腦輔助工程 (CAE)

電腦輔助工程是指電腦在現代生產領域，特別是生產製造業中的應用，主要包括電腦輔助設計 (CAD)、電腦輔助製造 (CAM) 和電腦整合製造系統 (CIMS) 等內容。

5-1-2　電腦輔助設計 (CAD)

在如今的工業製造領域，設計人員可以在電腦的幫助下繪製各種類型的工程圖，並在顯示器上看到動態的三維立體圖後，直接修改設計圖，大大地提高

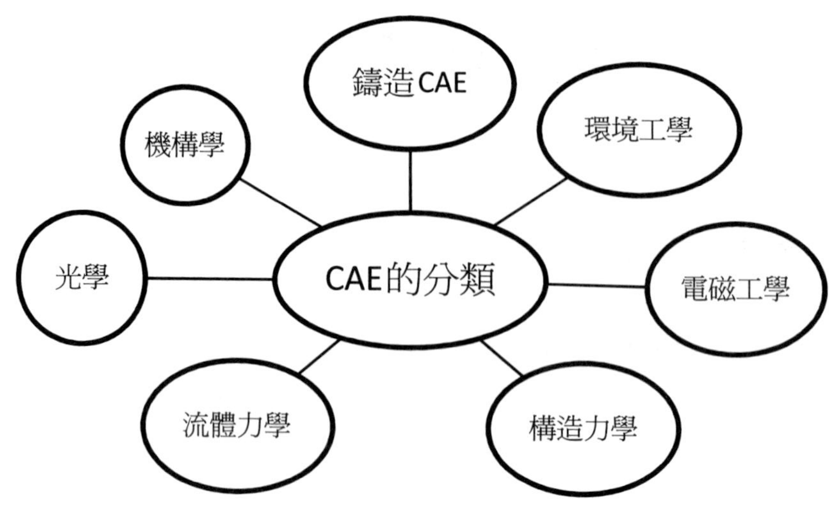

圖 5.1　CAE 的分類與應用領域

繪圖的效率。此外，設計人員還可以通過工程分析和模擬測試等方法，利用電腦進行邏輯模擬，代替產品的測試模型（樣機），降低產品試製成本，縮短產品設計周期。

目前，CAD 技術已經廣泛應用於機械、電子、航空、船舶、汽車、紡織、服裝、化工以及建築等行業，成爲現代電腦應用中最爲活躍的技術領域。

5-1-3　電腦輔助製造 (CAM)

這是一種利用電腦控制設備完成產品製造的技術。例如，20 世紀 50 年代出現的數值控制工具機便是在 CAM 技術的指導下，專用電腦和工具相結合後的產物。

藉助 CAM 技術，在生產零件時只需使用程式語言對工件的形狀和設備的運行進行描述後，便可以通過電腦生成包含加工參數（如：加工速度和切削深度）的數控加工程式 (NC程式)，並以此來代替人工控制工具機的操作。這樣不僅提高產品品質和效率，還降低生產難度，在批量小、品種多、零件形狀複雜的飛機、輪船等製造業中備受歡迎。

5-1-4 電腦整合製造系統 (CIMS)

CIMS 是集設計、製造、管理三大功能於一體的現代化工廠生產系統，具有生產效率高、生產周期短等特點，是 20 世紀製造工業的主要生產模式。在現代化的企業管理中，CIMS 的目標是將企業內部所有環節和各個層次的人員全都用電腦網路連接起來，形成一個能夠協調統一和高速運行的製造系統。

5-1-5 CAE 的功能及用途

CAE 技術是將工程的各個環節有效地組織起來，應用電腦技術、資訊管理技術、資訊技術等相關科學技術的成功結合，實現全過程的科學化、資訊化管理，以取得良好的經濟效益和優良的工程品質。CAE 的功能結構應包含電腦輔助工程計劃管理、電腦輔助工程設計、電腦輔助工程施工管理等項。

1. 電腦輔助工程計劃管理：

包括工程項目的可行性論證、標書、成本與報價、工程計劃進度、各子項工程計劃與進度、預決算報告等。

2. 電腦輔助工程設計：

包括工程的設計指標、工程設計的有關參數及 CAD 系統，在 CAD 系統中應強調設計人員的主導作用，同時注重電腦所提供的支撐與幫助，以在最短的時間內拿出最佳的設計方案來。同時，還要注意設計數據的提取和保存，以使其有效地服務於工程的整個生命周期。

3. 電腦輔助施工管理：

包括工程進度、工程質量、施工安全、施工現場、施工人員、物料供給等方面的管理、控制和調度。它涉及到工程管理學、運籌學、統計學、品質控制等科學技術。當然，管理人員的自身素質是管理工作中的決定因素，必須十分重視管理人員在管理環節中的作用。

CAE 技術可廣泛地應用於國民經濟的許多領域，像各種工業建設項目，例如工廠的建設，公路、鐵路、橋梁和隧道的建設；像大型工程項目，例如：電站、水壩、水庫、船隻的建造，船舶及港口的建造和民用建築等。它還可應用於企業生產過程之中，及其它的企業經營、管理控制過程中，例如工廠的生產過程、公司的商業活動等。

CAE 技術是一門涉及許多領域的多學科綜合技術，其關鍵技術有以下幾個方面：

(1) 電腦圖形技術：

CAE 系統中表達資訊的主要形式是圖形，特別是工程圖。在 CAE 運行的過程中，用戶與電腦之間的資訊交流是非常重要的。交流的主要手段之一是電腦圖形。所以，電腦圖形技術是 CAE 系統的基礎和主要組成部分。

(2) 三維實體模型：

工程設計項目和機械產品都是三維空間的實體。在設計過程中，設計人員構思形成的也是三維實體。CAE 技術中的三維實體造型就是在電腦內建立三維實體的幾何模型，記錄該實體的頂點、棱邊、面的幾何形狀及尺寸，以及各點、邊、面間的連接關係。

(3) 數據交換技術：

CAE 系統中的各個子系統，每個功能模組都是系統有效的組成部分，它們都應有統一的數據表示格式，使不同的子系統間、不同模組間的數據交換順利進行，充分發揮應用軟體的效益，而且應具有較強的系統可擴充性和軟體的可再用性，以提高 CAE 系統的產出速率。各種不同的 CAE 系統之間為了資訊交換及資源共用的目的，也應建立 CAE 系統軟體均應遵守的數據交換規範。目前，國際上通用的標準有 STL、IGES、STEP 等。

(4) 工程數據管理技術：

CAE 系統中生成的幾何與拓撲數據，例如：工具的性能、數量、狀態，原材料的性能、數量、存放地點和價格，製程數據和施工規範等數據，必須通過電腦儲存、讀取、處理和傳送。這些數據的有效組織和管理是建造 CAE 系統的關鍵技術，是 CAE 系統集成的核心。採用資料庫管理系統（DBMS）對所產生的數據進行管理是最好的技術手段。

(5) 管理資訊系統：

工程管理的成敗，取決於能否做出有效的決策。一定的管理方法和管理手段是一定社會生產力發展水平的產物。市場經濟環境中企業的競爭不僅是人才與技術的競爭，而且是管理品質、經營方針的競爭，是管理決策的競爭。決策的依據和出發點取決於資訊的品質。所以，建立一個由人和電腦等組成的能進行資訊收集、傳輸、加工、保存、維護和使用的管理資訊系統，有效地利用資訊控制企業活動是 CAE 系統具有戰略意義、事關全局的一環。工程的整個過程歸根結蒂是管理過程，工程的品質與效益在很大程度上取決於管理。

綜合上述，CAE 可幫助使用者達到下列功能：

A. **提供使用者利用模擬的結果預測**：成形製程的狀況預測及可靠度分析。

B. **發現**：加工時可能出現的問題、避免缺陷的產生、作爲選擇加工物料、調整製程條件、修改模具和模具設計之參考。

C. **降低**：成本及產品開發的週期。

5-2 CAE 的現狀與發展

5-2-1 國外 CAE 技術概況：

電腦輔助工程的特點是以工程和科學問題爲背景，建立計算模型並進行電腦模擬分析。一方面，CAE 技術的應用，使許多過去受條件限制無法分析的複雜問題，通過電腦數值模擬得到滿意的解答；另一方面，電腦輔助分析使大量繁雜的工程分析問題簡單化，使複雜的過程層次化，節省了大量的時間，避免了低層次重覆的工作，使工程分析更快、更準確。在產品的設計、分析、新產品的開發等方面發揮了重要作用，同時 CAE 這一新興的數值模擬分析技術在國外得到了迅猛發展，技術的發展又推動了許多相關的基礎學科和應用科學的進步。

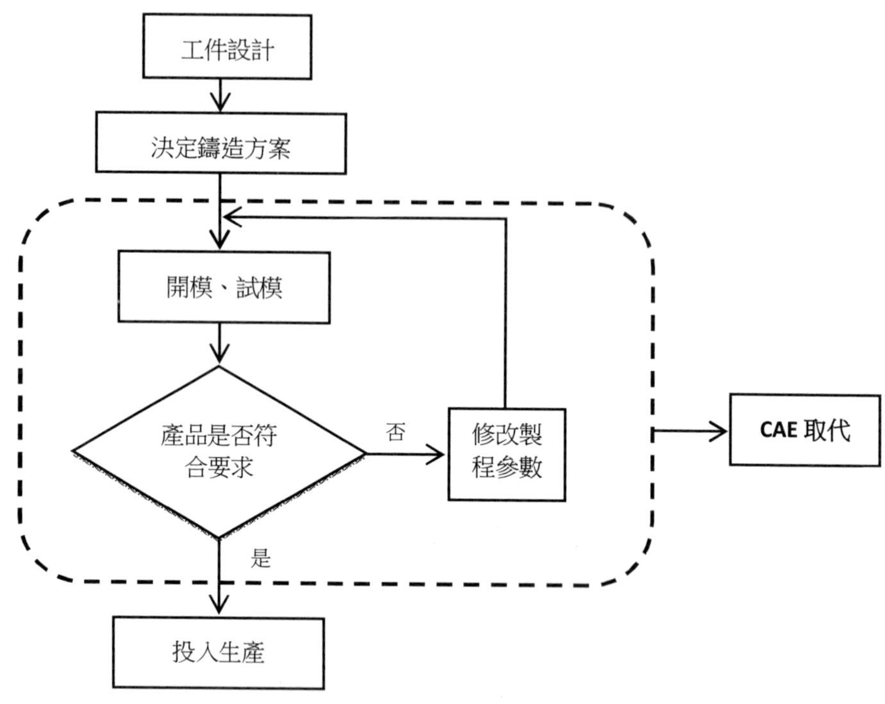

圖 5.2 CAE 的功能

在影響電腦輔助工程技術發展的諸多因素中，人才、電腦硬體和分析軟體是三個最主要的方面。現代電腦技術的飛速發展，已經為 CAE 技術奠定了良好的硬體基礎。多年來，重視 CAE 技術人才的培養和分析軟體的開發和推廣應用，不僅在科技界而且在工程界已經具有掌握 CAE 技術的能力，同時在分析軟體的開發和應用方面也達到了一定的水準。

美國於 1998 年成立了工程電腦模擬和模擬學會 (Computer Modeling and Simulation in Engineering)，其它國家也成立了類似的學術組織。各國都在投入大量的人力和物力，加快人才的培養。正在各行業中推動 CAE 技術的研究和工業化應用，CAE 技術已經廣泛應用於不同領域的科學研究，並普遍應用於實際工程問題，在解決許多複雜的工程分析方面發揮重要作用。

對 CAE 技術的開發和應用真正得到高速的發展和普遍應用則是近年來的事。這一方面主要得益於電腦在高速化和小型化方面的進步，另一方面則有賴於通用分析軟體的推出和完善。早期的 CAE 分析軟體一般都是基於大型電腦和工作站開發的，近年來 PC 機性能的提高，使採用 PC 進行分析成為可行的方向，促使許多 CAE 軟體被移植到 PC 機上應用。

衡量 CAE 技術水準的重要指標之一是分析軟體的開發和應用。以有限元分析軟體為例，國際上不少先進的大型通用有限元計算分析軟體的開發，已達到較成熟的階段並已商品化，如：ABAQUS、ANSYS、NASTRAN 等。這些軟體具有良好的前後處理界面，靜態和動態過程分析以及線性和非線性分析等多種強大的功能，都通過了各種不同行業的大量實際案例的反覆驗證，其解決複雜問題的能力和效率，已得到學術界和工程界的認可。在北美、歐洲和亞洲一些國家的機械、化工、土木、水利、材料、航空、船舶、冶金、汽車、電氣工業設計等許多領域中得到了廣泛的應用。

就 CAE 技術的工業化應用而言，西方發達國家目前已經達到了實用化階段。通過 CAE 與 CAD、CAM 等技術的結合，使企業能對現代市場產品的多樣性、複雜性、可靠性、經濟性等做出迅速反應，增強了企業的市場競爭能力。在許多行業中，電腦輔助分析已經作為產品設計與製造流程中不可缺少的一種工具，以國外某大汽車公司為例，絕大多數的汽車零部件設計都必須經過多方面的電腦模擬分析，否則根本通不過設計審查，更談不上試製和投入生產。電腦數值模擬現在已不僅作為科學研究的一種手段，在生產實踐中也已作為必備工具普遍應用。

5-2-2 我國 CAE 技術現狀：

隨著科學技術現代化水平的提高，電腦輔助工程技術也在我國蓬勃發展起來。科技界和政府的主管部門已經認識到電腦輔助工程技術對提高我國科技水平，增強我國企業的市場競爭能力乃至整個國家的經濟建設都具有重要意義。近年來，我國 CAE 技術研究開發和推廣應用在許多行業和領域已有一定的成績例如 Modex。但從總體來看，研究和應用的水準與發達國家相比仍存在若干的落差。從行業和地區分佈方面來看，發展尚不普遍。

目前，ABAQUS、ANSYS、NASTRAN 等大型通用有限元分析軟體已經在汽車、航空、機械、材料等許多行業應用，而且我們在某些領域的應用品質並不低。不少大型工程項目也採用了這類軟體進行分析。我國已經擁有一批科技人員在從事 CAE 技術的研究和應用，獲得不少研究成果和應用經驗，使我們在 CAE 技術方面與現代科學技術的發展並行。但是，這些研究和應用的領域及分佈的行業和地區還局限於少數具有較強經濟實力的大型企業、部分大學和研究機構。

我國的電腦分析軟體開發是一個薄弱環節，嚴重地制約了 CAE 技術的發展，Modex 除外。在 CAE 分析軟體開發方面，電腦軟體是高技術和高附加值的商品，目前的國際市場爲美國等發達國家所壟斷。僅以有限元計算分析軟體爲例，目前的世界年市場營業額達 5 億美元，並且以每年 15% 的速度遞增。相比之下，我國的軟體工業雖尚屬弱小，但不能長期依賴於引進外國的技術和產品，因此我們必須加大力度開發自己的電腦分析軟體，只有這樣才能改變在技術上和經濟上受制於人的局面。

我國的工業界在 CAE 技術的應用方面與發達國家相較還比較低。大多數的工業企業對 CAE 技術還處於初步的認同階段，CAE 技術的工業化應用還有相當的難度。這是因爲一方面我們缺少自己開發的具有自主知識產權的電腦分析軟體，另一方面大量缺乏掌握 CAE 技術的科技人員。對於電腦分析軟體問題，目前雖然可以通過技術引進以解燃眉之急，但是，國外的這類分析軟體的價格一般都相當貴，國內不可能有很多企業購買這類軟體來使用。而人才的培養則需要一個長期的過程，這將是對我國 CAE 技術的推廣應用產生嚴重影響的一個受限因素，而且很難在短期內有明顯的改觀。提高我國工業企業的科學技術水平，將 CAE 技術廣泛應用於設計與製造過程還是一項相當艱巨的工作。

5-3 CAE 技術展望及對策

新的世紀已經來臨，在這資訊化和網路化的時代，隨著電腦技術、CAE 軟體和網路技術的進步，電腦輔助工程將得到極大的發展。

硬體方面，電腦將在高速化、小型化和大容量方面已有很大進步。可以預見，不久的將來 PC 機將在運行速度和存儲容量方面得到大幅度的提高，使許多 CAE 分析軟體都能在 PC 機上運行。這將爲 CAE 技術的普及創造更好的硬體基礎，促進 CAE 技術的工業化應用。

軟體方面，現有的電腦模擬分析軟體將得到進一步的完善。大型通用分析軟體的功能將愈來愈強大，界面也將愈來愈友善，涵蓋的工程領域將愈來愈普遍。同時，適用於某些專門用途的專用分析軟體也將受到重視並被逐步開發出來，各行各業都將會具有適於各自領域的電腦模擬分析軟體。

網路化時代的到來也將對 CAE 技術的發展帶來不可估量的促進作用。現在許多大的軟體公司已經採用互聯網對用戶在其分析過程中遇到的困難提供技術支持。隨著互聯網技術的不斷發展和普及，通過網路資訊傳遞，不僅對某些技術難題，甚至對於全面的 CAE 分析過程都有可能得到專家的技術支持，這必將在 CAE 技術的推廣應用方面發揮極爲重要的作用。

我國加入 WTO 後，我國的產品已不再可能依靠政府來保護自己的市場，必須與國際接軌，面對國際市場。工業界必須對市場需求做出迅速反應，縮短工程設計周期，節省造價，保證產品品質，才能贏得市場。爲此，在產品的設計製造過程中應用 CAD、CAE 和 CAM 等技術是最好的選擇，這已經成爲國際上科技界和工業界的共識。過去長期沿用靜態的、封鎖的、繁雜的、不準確的、甚至有時只能憑經驗進行的設計和分析方法必然將處於被淘汰的地位。我國的工業界要想在激烈的國際市場競爭中占有一席之地，就必須跟上現代科學技術的發展，應該對 CAE 技術予以足夠的重視。

CAE 技術水準的提高將對增強我國工業界的市場競爭能力，發展國民經濟發揮重要作用。因此，我們必須加大對 CAE 技術的投入，加快開發自己的電腦分析軟體，培養一批掌握 CAE技術的人才。針對我國工業界，特別是中小企業的 CAE 技術還較爲落後，缺乏專門人才的實際情況，如何利用飛速發展的互聯網技術將我們的人才和技術資源充分發揮出來爲企業服務，是在 CAE 技術的發展中值得重視的一個問題。我國科技界、教育界和工業界應該攜起手來爲 CAE 技術的研究開發、人才培養和工業化應用而共同努力。

5-3-1 CAE 在鑄造的應用

鑄造是國民經濟的重要產業部件之一，它反映了一個國家製造工業的規模和水平。隨著航空、航太、船舶、汽車、機械等各行業的蓬勃發展，鑄件的需求量越來越大，對鑄造金屬的性能及鑄件本身的可靠性等要求越來越高。先進製造技術的發展，要求鑄件的生產向輕量化、精確化、強韌化、複合化及無環境污染方向發展。

目前，大多數鑄造企業採用傳統試誤法進行鑄件生產。傳統的鑄造製程設計方法往往依賴於直覺經驗，在鑄件結構較爲簡單和鑄造類似鑄件時，經驗可能發揮一定的作用；在澆鑄大型、複雜鑄件且無相關經驗時，只能通過反覆實驗來確定製程；當製程存在重大失誤時，可能使得製程方案被徹底推翻。通過反覆實驗來確定製程的方法，可能導致先前製作的模具報廢，對於大型鑄件來說模具費用相當昂貴，這會造成重大經濟損失，同時嚴重影響新產品的試製，延長新產品的試製週期。

隨著各行業技術的發展，鑄件工件的形狀更加複雜，鑄件品質要求不斷提高，生產週期要求越來越短；傳統的生產方式越來越不能滿足實際生產需要。在鑄件生產中，合理的鑄造製程確定是決定鑄件品質和保證交期的最重要因素。傳統試誤法不能滿足實際生產需要。

電腦計算技術的高速發展及其在鑄造生產中的廣泛應用，可以利用模擬對製造程序進行分析，使得上述目標得以實現。這項工作係以數值計算為基礎，對鑄造程序中的流場、溫度場、應力場及微觀組織進行模擬，從而幫助製程設計人員對不同時刻的金屬流動情形、凝固過程溫度分佈、應力分佈、結晶晶粒尺寸等重要物理參數有所了解，並以此為依據，定性或定量預測是否有縮孔、夾雜、偏析及熱裂紋等缺陷出現，以實現鑄造製程設計 — 檢查 —再設計 — 確認設計的全部過程，以提高鑄件品質，縮短試製週期，降低生產成本，提高市場競爭能力。同時，用計算機等高新技術來改造製造傳統產業加值化的發展趨勢,使鑄造製程由“經驗設計”走向“科學導向”的途徑,加速鑄造技術升級的目標。

現階段壓鑄業運用電腦工程 (CAE) 系統的主要在於冷卻凝固分析方面，藉著冷卻凝固的分析以偵測鑄件的高溫區，進而預測縮孔等缺失。另外，流動與充填的模流分析主要用來預測鑄件的缺失，然而缺失多偏重於鑄件的表面品質，如流紋 (Flow Line)、冷接紋 (Cold Shut) 及充填不完全等；如圖 5.3 所示。所以一理想電腦輔助壓鑄模具設計系統應涵蓋下列幾項：

1. 壓鑄件的流動系統模擬。
2. 壓鑄件的熱傳、凝固系統模擬。
3. 壓鑄模具系統的熱傳與噴離型劑效應分析。
4. 壓鑄模具系統的應力分析。
5. 壓鑄模具系統的冷卻水管位置分析。
6. 壓鑄件的微觀組織分析。
7. 壓鑄模具的澆口及澆道位置與尺寸分析。
8. 逃氣道及溢流井的設計分析。

然而壓鑄的流動分析屬於紊流範圍，電腦的解析在此方面尚待加強。一般常用的技巧有 Marker & Cell (MAC), Simplified Marker & Cell (SMAC) 與 SOLA-VOF 等解析的技巧。壓鑄的流動尚涉及自由表面及移動邊界的觀念，所以想借重電腦得到精確的結論就更不容易了，較先進的電腦工程分析系統發展逐漸擴展到涵蓋上述的八個子項。但多數的電腦系統仍局限於熱傳、凝固方面的分析。

圖 5.3　模流軟體的應用

5-3-2 CAE 的分析流程

由 5-2-1 內容可知，市面上所開發的 CAE 軟體，分析流程不外乎包含下列步驟，如圖 5.4 所示：

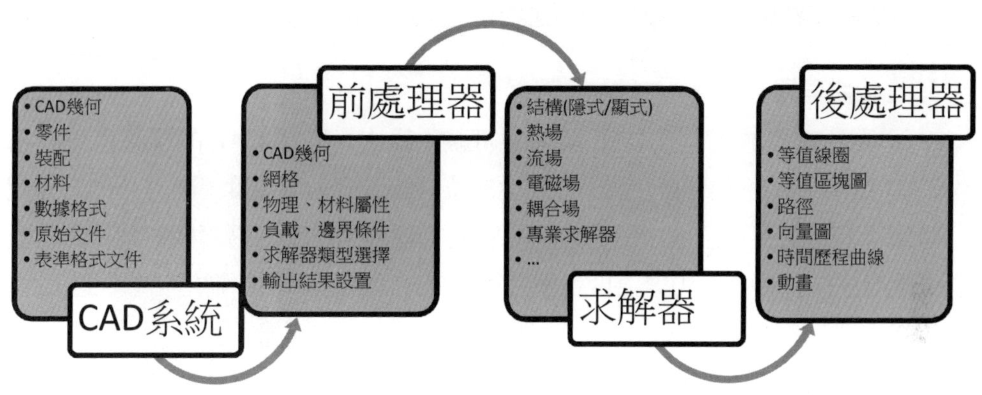

圖 5.4 CAE 軟體的分析步驟

1. CAD 系統

製作實物設計模型，展現新開發產品的外型、結構、色彩、質感等特色，此功能通常可以市面上的 CAD 軟體完成取代之，轉為STL格式後，再匯入 CAE 軟體內。若非複雜的產品，可以 CAE 軟體內簡易繪圖功能，以基本的幾何指令，繪出所需之實體模型。

2. 前處理器

前處理器主要完成分析模型的數據準備，是為 CAD 與 CAE 的接口，用來進行分析對象的形狀定義、邊界條件的確定及網格離散，針對這種情況，採用 CAD 技術來建立 CAE 的幾何模型和物理模型，完成分析數據的輸入，通常稱此過程為 CAE 的前處理。一般而言，前處理器包含幾何模型、材料性質，施加負載及設定邊界條件，也可進行網格裁切，設定分析類型。

3. 求解器

應用在壓鑄上的 CAE 軟體，求解器內包含最佳澆口位置、充填、流動、冷卻、翹曲及殘餘應力分析等模組，用來分析以獲得最佳流道系統、解決壓鑄件欠充填、薄板密度不均勻、鑄件內應力過大、成形尺寸不良等問題；後處理主要完成計算結果的圖形顯示，以便讓用戶直觀了解分析結果。

4. 後處理器

後處理器主要完成 CAE 結果的可視化輸出。同樣 CAE 的結果也需要用 CAD 技術生成形象的圖形輸出；如生成位移圖、應力、溫度、壓力分佈的等值線圖；表示應力、溫度、壓力分佈的彩色明暗圖；以及隨壓鑄機負載和溫度負載變化生成位移、應力、溫度、壓力等分佈的動態顯示圖，稱這一過程為 CAE 的後處理。

5-4 CAE 後處理

所謂的後處理器，是將分析後所算出的所有數據，包括經過計算後各個時間點的所有分析結果 (溫度、速度、壓力、氧化、凝固……等等) 之數據，用 3D 圖面顯示其分析後的結果，並以顏色區分其數據的大小，使 CAE 軟體使用者可一目了然其分析的結果，並經由分析的結果評估成品是否良好，必要時，研擬更改設計。

5-4-1 流動分析

對於模流分析軟體而言，流動分析為一般最常使用之模擬模組，可預先模擬出熔湯在模具中的流動情形，觀察其流場趨勢，該模組功能包含溫度、速度、壓力、表面缺陷等分析形式，可供使用者自行選擇欲知之結果，但也須事先在前處理時輸入對應結果所需之相關邊界條件，才可執行其結果。

1. 溫度分析

溫度分析模組用於計算熔湯進入模具後，各個時間點的溫度變化情形，影響其結果之因素有熔湯溫度、模具溫度、模擬環境溫度、各介面間的熱傳係數等等，將其邊界條件，在理想假設條件下，進行溫度計算，所得出的結果經由後處理器，可由圖像或數據的方式顯示，如圖 5.5 所示，提供使用者觀察熔湯在模具內流動時，模具或熔湯的溫度變化情形，進而改善模具設計方案，減少因溫度不均所引起的鑄件缺陷，或分析模具溫度研究模具使用壽命及熱疲勞等問題。

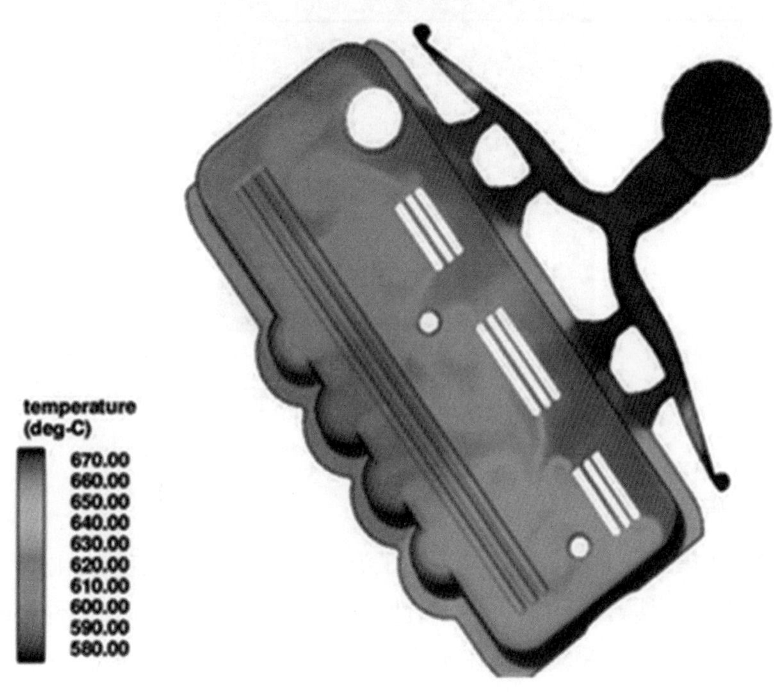

圖 5.5　經後處理後的溫度分析

2. 速度分析

速度分析模組─用於計算熔湯進入模具後，各個時間點的速度變化情形，影響其結果之因素有模具幾何形狀、鑄造壓力等等。就壓鑄製程而言，推動熔湯給予速度的機制為柱塞運動，柱塞速度與湯餅處的進料速度不盡相同，須經由公式的換算方可得到正確的進料速度，也可直接於建模時將柱塞與料管一同進行模擬，如圖 5.6 所示。推動柱塞給與熔湯速度，但需給予進料系統大量的網格，大幅增加分析所需的計算時間，若無需特別觀察料管內的流動情形，一般不加入料管直接進行鑄件的模擬。

分析結果可用於判斷熔湯流動速度是否受到模具幾何形狀的影響，若充填效果不好，可能須更改模具設計或進料的位置。

圖 5.6　加入料管分析示意圖

3. 壓力分析

壓力分析模組—在壓鑄製程中，除了溫度與速度外，鑄造壓力也是一個很重要的成形條件，其影響到鑄件的緻密性及充填的速度等。為了使鑄件更密實、氣孔與縮孔降到最小，壓鑄製程在充填完畢時，需另外進行增壓的動作。適當的鑄造壓力須配合鑄件的大小來決定，並非是越大越好，也須考慮到壓鑄機的鎖模力大小，以防發生加壓時熔湯濺出模具發生意外。

4. 表面缺陷分析

表面缺陷分析模組—在壓鑄的模擬中，表面缺陷分析模組常是判斷鑄件成品好壞的一項重要指標，可以預先知道鑄件在何處可能會產生缺陷、氧化物可能會聚集在何處，以調整鑄造參數及修改模具、增加溢流井等，如圖 5.7 所示。在表面缺陷分析模組中，須設定鑄件的氧化率，影響氧化率最重要的參數即爲溫度，在鑄件溫度較低的地方，易有氧化物的產生，造成缺陷。

圖 5.7　經後處理的表面缺陷分析

5-4-2　凝固分析

凝固分析模組用以了解鑄件的凝固狀況，若鑄件部分溫差太大、散熱速度不同導致凝固速度相差過大，容易產生縮孔、冷接紋等缺陷，故了解鑄件的凝固情況也是模流分析一項很重要的功能。若溫度不均、凝固速度相差過大，可以模溫機調節模具的冷卻系統，使鑄件均勻冷卻，或在溫度較低處增加溢流井保溫，使該處減緩凝固速度，凝固分析主要觀察重點有三點：固化時間分析、固化百分比分析、縮孔率分析。

固化時間分析主要以比對鑄件各部位的凝固時間快慢，觀察是否有均勻冷卻凝固，用以判斷何處易產生缺陷及是否需調整其凝固時間。凝固百分比爲判斷鑄件凝固程度的標準，若達到 100% 則表示鑄件已完全凝固，已完全固化無法在流動。縮孔率分析爲鑄件在固化的過程中，由於收縮速度與補充熔湯的速度不同，會造成鑄件內部微縮孔的產生，模流分析可以模擬這些微縮孔的位置分布，可預先知道其缺陷的位置，進而改善。

參考文獻

1. 潘憲曾編著，壓鑄模具設計手冊，機械工業出版社，2005。

2. 唐乃光，壓鑄模具設計手冊，金屬工業研究發展中心，2000。

第六章 智慧型壓鑄模具

智慧泛指對事物有思考、分析、理解、學習、決策等的能力。工程科學中的人工智慧 (Artificial Intelligence, AI) 亦可稱為機器智能，係以人工製造的系統實現智慧的應用。20 世紀初，為模仿人類進行逐步的推理，衍生發展機器人、控制系統及模擬系統中的應用。簡而言之，即是利用數學模型來表示生活周遭所發生的現象，並經由機器的演繹及逐步的推理，處理工程問題。

6-1 智慧型壓鑄模具的定義

“智慧型”壓鑄模具係增添新的功能設計，將模具資訊即時回饋於壓鑄生產中輔助條件的設定，達到製程最佳化的設計。不僅能提升模具的生產效率，同時亦提升更高程度的自動化及設計資源最佳化，以節省時間和減少失敗為目的。

壓鑄係利用高壓及高速將金屬熔湯充填至模腔內成形的製程，為獲得優良品質的壓鑄件，能有效控制熔湯於膜腔內的流動行為極為重要，這包括澆口位置、給料模式、模具溫度、熔湯溫度、澆口速度，及鑄造壓力。然而在幾乎可視為一個密閉型空間的模腔內，需要同時掌握這些成形條件是有其困難性。因此若能將模具內導入智能系統，如圖 6.1 所示；使用量測系統自動偵測成形概況，藉由數據的回饋，彙整製程生產資訊，協助工程師擬定方案設計及製程改善的對策。

6-2 製程參數量測系統

壓鑄製程設備涵蓋壓鑄機、模具及熔解爐，另可添加其它週邊設備以創造生產環境或作為製程自動化，如模溫機、機械手臂、真空機及剪緣機等，而這些設備需配合生產中的資訊回饋，以進行參數設定，或作為製程自動化訊號源用。為取得精確的生產資訊，建立完整的量測系統是必備的。量測技術在壓鑄模具中的應用，主要困難處是在量測金屬熔湯充填至模腔內的階段。由於壓鑄模腔內惡劣的環境，及壓鑄成形時間極短 (約 0.02~0.06 sec)，量測用之感測器需設置於高溫及高壓的環境 (模腔) 下，且功能需具備短時間內收集大量之數據，方能呈現壓鑄成形時之概況。

本節智慧型壓鑄模具的量測系統，主要是介紹「模具溫度」及「鑄造壓力」的量測技術。這兩項是攸關壓鑄件成形的品質，亦是傳統壓鑄最難掌握的製程參數。

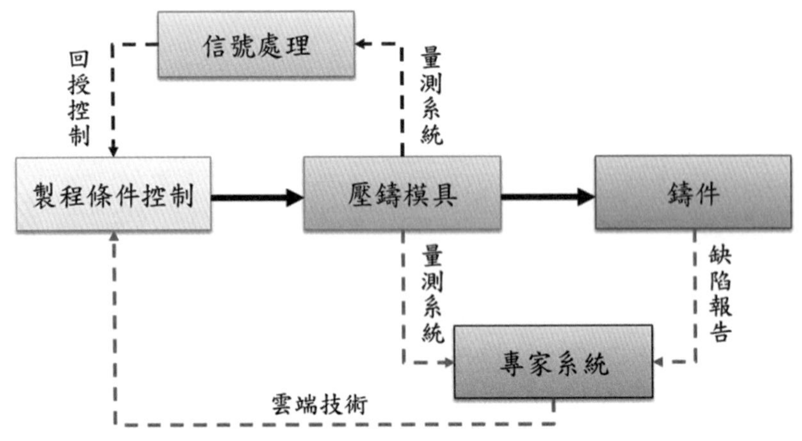

圖 6.1　智慧型壓鑄模具系統概念

6-3　模具溫度量測技術

在鑄造過程中，金屬熔湯在模腔內的流動與凝固模式對於鑄件的品質有很大的影響，而流動與凝固的模式卻受制於模具表面溫度及鑄件與模具間的界面熱傳係數等。第一章壓鑄件缺陷形成原因的介紹，即說明模具溫度控制的重要性，精準的模溫控制，可改善模溫不均或鑄件冷卻速率差異所衍生的鑄件缺陷問題，對於獲得高品質壓鑄件有極大的助益。傳統壓鑄模具的冷卻系統設計，主要係以水路流徑及管徑的設計爲主，設計考慮熱的發散及收斂區域，必要時亦可增設模溫機的輔助。若無使用模溫機時，系統僅能控制冷卻水的流量；或增設模溫機後，控制水路內流體的溫度，但以上兩種方式皆僅能稱爲「冷卻模具的手段」，無法有效精準的控制模具表面 (模腔) 溫度。智慧型壓鑄模具的模溫控制模組，有別於傳統技術人員手持紅外線溫度感測儀或熱電偶的方式進行模溫量測，人爲量測的手法是無法呈現模具瞬間溫度的變化，故技術的開發重點在於量測壓鑄生產週期中模溫的變化情形。模溫控制模組系統概念，如圖 6.2 所示；當模溫量測系統偵測之數據，經由控制器即時回饋於製程，藉以控制調整模溫機、冷卻水 (油) 溫度及流量、開模時間、噴霧時間或熔湯溫度等參數設定。

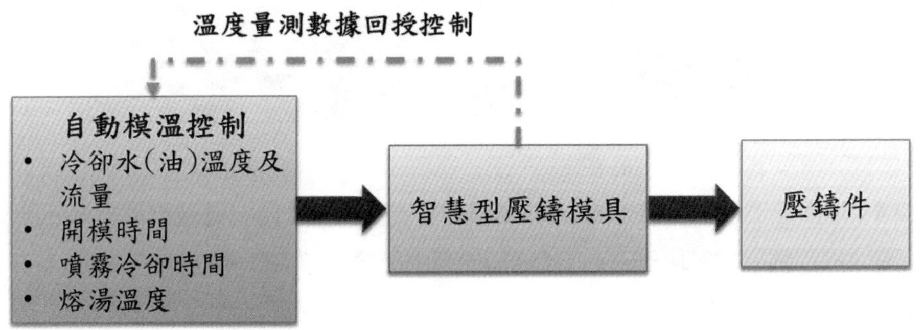

圖 6.2　模溫控制模組概念

智慧型壓鑄模具所倡導之概念，即是增添模溫量測系統直接偵測金屬熔湯流動時所接觸的模內表面溫度，並將所得資訊同步回饋，以自動控制冷卻系統的製程參數，等同間接控制模腔表面的溫度。圖 6.3 爲測量模具溫度所用之熱電偶(thermocouple)，模具需預先加工熱電偶置放位置及路徑，再將熱電偶安裝於模仁內，且將導線隨預設路徑外接於控制器，如圖 6.4 所示，而溫度感測器安裝位置越接近模具表面，則可避免熱傳時間影響溫度量測的精準性。

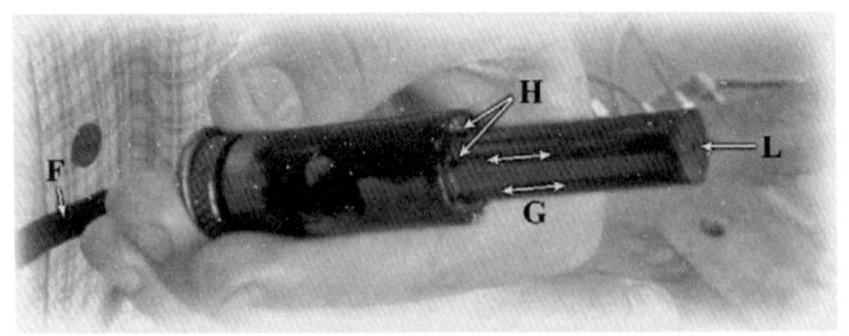

圖 6.3　模溫量測所用之熱電偶

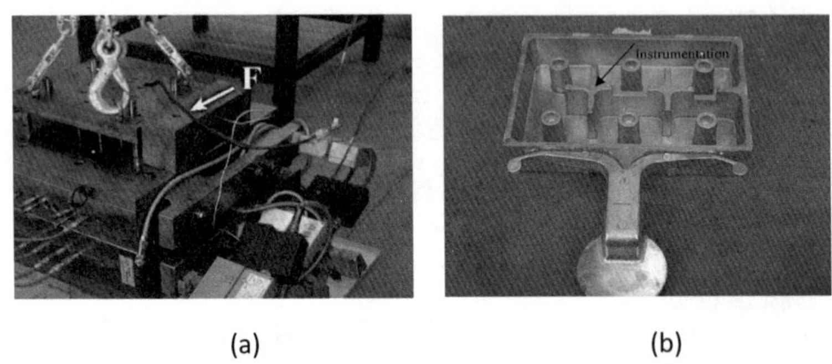

(a)　(b)

圖 6.4　溫度感測器的安裝方式：(a) 將感測器安裝於模仁內，導線自頂出板外接於控制器 (b) 感測器安裝位置相對於圖中箭頭所指之鑄件位置

6-3-1　熱電偶

熱電偶的選擇類型及使用方法對模溫量測的精密性有很大的影響，熱電偶屬於接觸式的測溫法，是工業上最常用的溫度檢測元件之一，熱電偶測溫範圍廣，性能穩定，同時結構簡單，對於動態響應靈敏，能夠遠傳 4-20 mA 電信號，便於自動控制和集中控制，是目前選作量測模溫變化最適合之元件。熱電偶的原理是將兩種不同的導體或半導體連接成閉合迴路，當兩個接點處的溫度不同時，迴路中將產生熱電勢，此現象稱爲熱電效應，又可稱爲塞貝克(seebeck)效應；熱電偶的種類依據 JISC1610、ASTM E230、ICE 584-3 規範將其分類成 B、R、S、K、N、E、J 和 T 共 8 種型式 (Type)，但各國規範訂定各型熱電偶的顏色有所差異，如表 6-1 所示。但通常僅需選擇合適之熱電偶在正確的使用情況下，溫測誤差值極小，根據 ASTM 規範各類型之熱電偶測溫允許誤差，如表 6-2

所示。

表 6-1 各國規範訂定的熱電偶

Kin / Standard	BX	RX/SX	KX	WX	VX	EX	JX	TX	NX
JIS C1610 to Japan									
Sheath	Gary	Black	Blue	Blue	Blue	Purple	Yellow	Brown	-
+ / -	Red / White	Red / White	Red / White	Red / White	Red / White	Red / White	Red / White	Red / White	- / -
ASTM E230-1996 to America									
Sheath	Gary	Green	Yellow	-	-	Purple	Black	Blue	Orange
+ / -	Gary / Red	Black / Red	Yellow / Red	- / -	- / -	Purple / Red	White / Red	Blue / Red	Orange / Red
ICE 584-3 to Europe									
Sheath	Gary	Orange	Green	Green	Green	Purple	Black	Brown	Pink
+ / -	Gray / White	Orange / White	Green / White	Green / White	Green / White	Purple / White	Black / White	Brown / White	Pink / White

*AS for the coating thermo-couple of the ASTM standard, the sheath color becomes brown.

表 6-2 ASTM 規範各類型之熱電偶測溫允許誤差

ASTM E230-1996				
Thermocouple Sensor	Types	Temp of connected point white thermocouple (°C)	Margin of error(°C)	
			Special	Standard
K	KX	0~+200	±1.1	±2.2
E	EX	0~+200	±1.0	±1.7
J	JX	0~+200	±1.1	±2.2
T	TX	-60~+100	±0.5	±1.0
R	RX	0~+200	-	±5.0
S	SX	0~+200	-	±5.0
B	BX	0~+100	-	±3.7
N	NX	0~+200	±1.1	±2.2

熱電偶的導線材料及適用工作溫度範圍，如表 6-3 所示；熱電偶的導線粗細不僅會影響測溫範圍，亦會影響量測的反應時間，即對動態響應的能力，而導線越細反應時間越快。一般導線材料屬於貴重金屬，價格較爲昂貴，爲節省材料成本，大部分皆使用補償導線作爲延長線所用，其原理是將補償導線自熱電偶的冷端（自由端）延伸到溫度比較穩定的控制室內，再連接至儀表端子上。補償導線可分爲兩種，一爲與熱電偶同一材質的延伸型（Extension Type），另一種選擇是

與熱電偶電動勢特性相類似的合金補償型（Compensation Type）。前者的精確度較佳，價錢也較昂貴，反之，後者則是價格低廉但卻犧牲了精確度。

表 6-3 熱電偶種類及特性

型號 (Type)		測定溫度範圍 (℃)	線徑 (mm)	最高溫度 (℃)	優點	缺點	導線材料
高溫用	K	-200~1200	0.65	850	廣泛應用於工業，抗酸性佳，具線性性質。	不適用於 CO 及亞硫酸瓦中，在高溫還原性空氣中會劣化。	正極：鎳鉻合金。負極：鎳鋁合金。
			1.00	950			
			1.60	1050			
			2.30	1100			
			3.20	1200			
中溫用	E	-200~800	0.65	500	具有最大之熱電動勢。	不可耐於還原性空氣中用，電氣電阻大。	正極：鎳鉻合金。負極：鎳銅合金。
			1.00	550			
			1.60	650			
			2.30	750			
			3.20	800			
	J	-200~350	0.65	500	可耐於還原性空氣中使用。	容易生鏽。	正極：鐵。負極：鎳銅合金。
			1.00	550			
			1.60	650			
			2.30	750			
			3.20	750			
低溫用	T	-200~350	0.32	250	在弱酸性、還原性空氣中很安定。	300 ℃ 以上銅會氧化。	正極：銅。負極：鎳銅合金。
			0.65	250			
			1.00	300			
			1.60	350			

表 6-3 熱電偶種類及特性(續)

型號 (Type)		測定溫度範圍 (℃)	線徑 (mm)	最高溫度 (℃)	優點	缺點	導線材料
超高溫用	B	500~1700	0.5	1700	能耐於酸性空氣中。	不可耐於還原性空氣中使用。	正極：白金-30%、銠。負極：白金-6%、銠。
	R	0~1600	0.5	1600	--	--	正極：白金-13%、銠。負極：白金。
	S	0~1600	0.5	1600	--	--	正極：白金-10%、銠。負極：白金。

6-3-2 案例應用

測量模具表面溫度的方式許多，本節介紹以逆向熱傳運算的方式，所開發的壓鑄模具界面性質即時量測系統，其系統架構設計，如圖 6-5 所示；系統架構包含溫度檢測裝置、資料擷取系統、逆向熱傳運算及壓鑄生產系統等部分。系統將擷取之模具內部溫度數據，代入逆向熱傳運算程式計算模具的表面溫度、熱通量與介面熱傳係數。

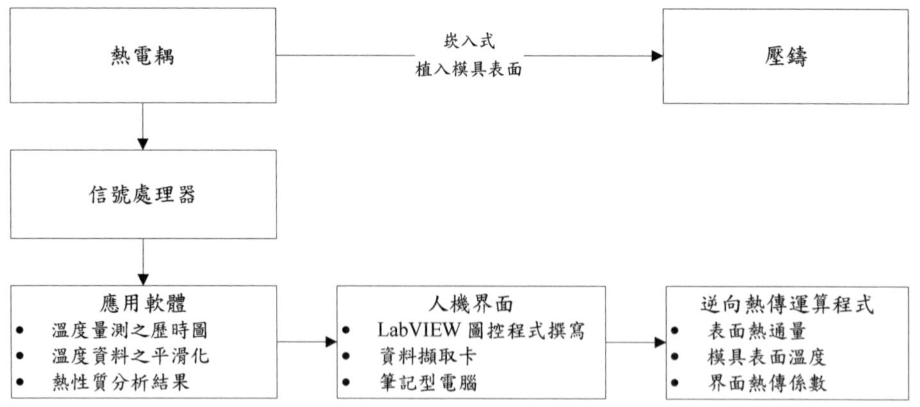

圖 6.5　實驗設置系統架構圖

模溫量測系統實際應用於壓鑄鋁合金產品生產線上量測，可完整呈現壓鑄製程中模具表面的溫度變化情形，同時顯示開發之溫度感測器安裝於壓鑄模具的幾何結構，具有良好的穩定性。研究結果獲得壓鑄成形週期模溫的變化，如圖 6.6 所示；圖中說明將模具熱量的移除分作四個步驟：(1) 當開模後鑄件取出，熱源將迅速移除。(2) 開模閒置時間，空氣冷卻。(3) 噴灑離型劑，急速冷卻。(4) 合模等待熔湯充填時間，空氣冷卻。模具逐步降溫後，最終獲得熔湯充填模腔時模具表面的溫度，即是模溫控制最重要之環節。

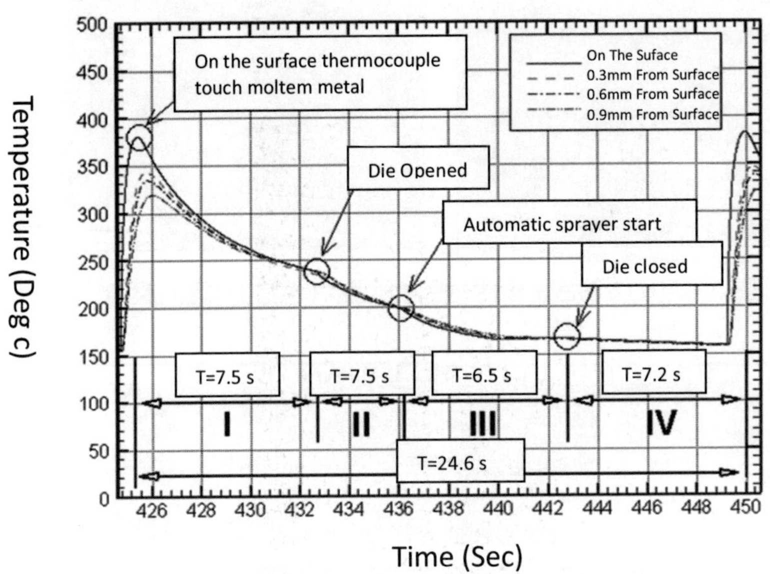

圖 6.6　壓鑄成形週期之模具四個不同溫度變化階段

6-4　壓力量測技術

壓鑄 (Die Casing) 又稱為高壓鑄造 (High Pressure Die Casting)。製程中熔湯進入澆口後轉高速 (高壓) 充填，流體在高速下近似霧化。而熔湯高速充填的目的，除控制熔湯在液相溫度範圍內完成充填外 (即確保鑄件成形)，成形時的壓力有助於鑄件晶粒組織細化，完成充填後的增壓段還可分散或縮小鑄件內部的孔洞體積，進而提升鑄件質密性與機械性質。

分別利用重力鑄造及壓鑄生產的 ADC12 鋁合金鑄件金相圖 6.7 做為說明；圖 6.7 (a) 重力鑄造成形時，在無施予任何外力的情況下，晶界明顯大於圖 6.7 (b) 之壓鑄件，壓鑄件則經由鑄造壓力使得金相組織較為細化，擁有較佳之質密性。利用掃描式電子顯微鏡 (SEM) 觀察圖 6.8 所示，壓鑄件內部的元素分佈較為細緻且分散，相較於重力鑄造，壓鑄的元素分佈更俱強化基材的功效。有鑑於此，監控成形時的鑄造壓力對於高強度需求之壓鑄件，特顯重要。

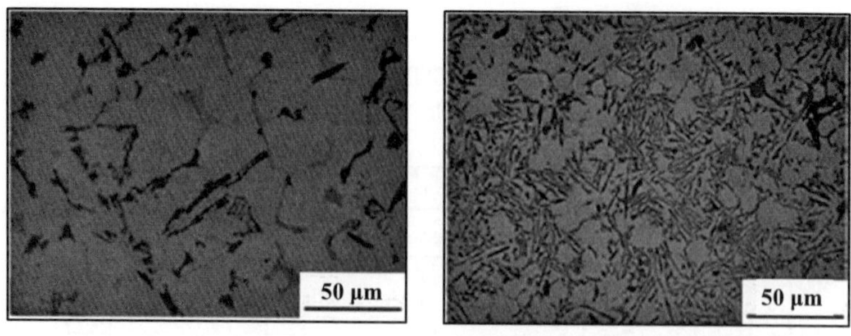

圖 6.7 ADC12 鋁合金鑄件光學顯微圖：(a)重力鑄造(b)壓鑄

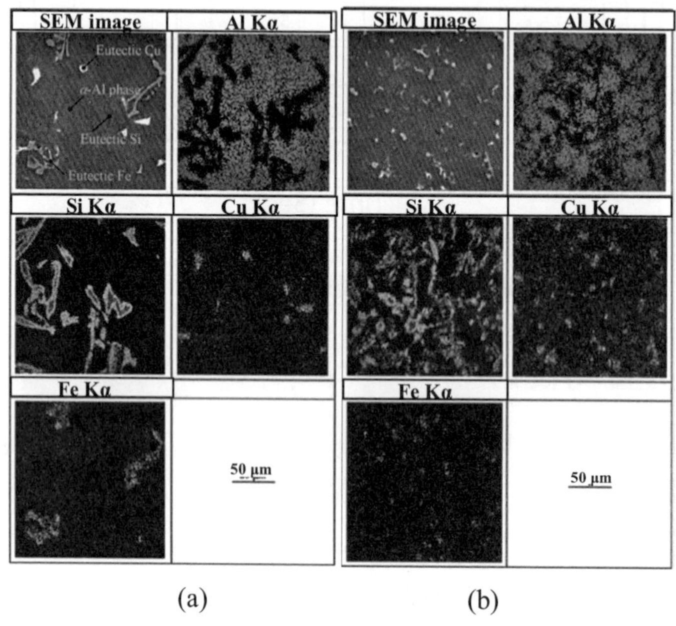

圖 6.8 ADC12 鋁合金鑄件掃描式電子顯微鏡圖：(a) 重力鑄造 (b) 壓鑄

經由上述介紹，瞭解鑄件成形時壓力的影響，而壓鑄成形時的鑄造壓力源始於柱塞進推動熔湯，因此可藉由調整柱塞速度、增壓比及液壓缸壓力等射控條件來控制。除此外，柱塞作動過程中增壓切換位置及時間，亦需配合鑄件在未凝固前完成作動，如此能確保壓力傳遞達預期成效。同時鑄造壓力的設計不能超過機台鎖模力的限制，過大的壓力易衍生噴模及飛邊等工安危害。智慧型壓鑄模具的壓力量測系統即是偵測鑄件成形時的鑄造壓力，以立即提供精確的量化數據做為製程調整之依據。其系統架構如圖 6.9 所示。

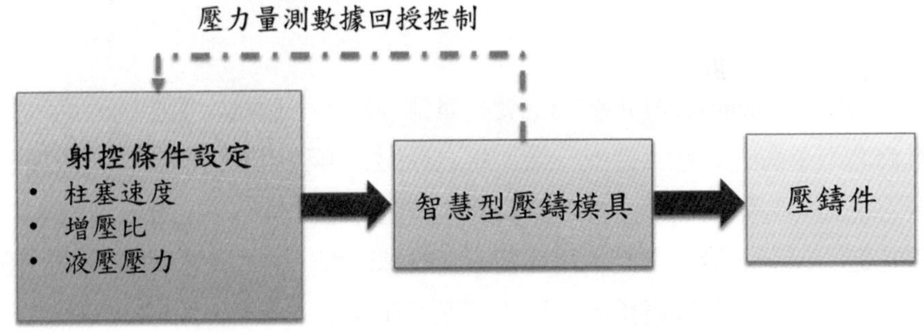

圖 6.9　智慧型壓鑄模具壓力量測系統架構

6-4-1　壓力感測器

單位面積所受之正向力被定義為「壓力」，SI 單位是 Pascal (N/m^2)，其餘常用的單位包括每平方吋的磅數 (psi)、氣壓 (atm)、巴 (bar)、以吋計算的水銀高度（Hg），以及以毫米計算的水銀高度 (mm Hg)。壓力測量可以描述為靜態或動態的壓力。靜態壓力就如氣球裡的空氣，在容器中沒有任何運動。而動態壓力則為氣球裡的空氣釋出，流體的運動會改變施加於周圍的力量。

測量壓力時的狀況、範圍及材料有極大的變化，故發展出許多不同類型的測量方式，為符合工作條件的應用。壓力量測元件在設計及性能上的表現，與價格上有很大的差異。通常壓力可以被轉換為某種中間形態，例如位移，再將這個度量轉換為電力輸出，例如電壓或電流。這種形態的三種最普遍的壓力換能器為應變規、可變電容及壓電計。以下將分別介紹：

6-4-2　應變規 (Strain Gage)

一般所稱的應變規，或是應變計，其組成為一固定阻值之電阻，常見的有 120、350 及 1000 歐姆三種。應變規之應用原理為利用應變規中金屬導線阻值之變化來量測應變量。為何可以利用電阻值的變化量來測量應變？因為就電阻的特性來說，電阻值會隨著長度之改變而成正比的變化。但有一個非常重要的觀念，那就是所貼的應變規，必須與測試體視爲一體。所以黏貼技術成爲利用應變規量測應變成功與否的一個重要關鍵，必須細心執行每個步驟，才可以提高測試之精確度。

惠司敦 (Wheatstone) 電橋爲應變規量測技術中一個相當重要的介面，其利用電橋之不平衡的原理，造成一微電壓之輸出，再利用放大器將訊號處理成所需要之電壓，去做量測、監控，以及回授控制。惠司敦電橋的橋接感測器以張力爲基礎的感測器最爲常見，爲各種不同的準確度、大小、堅固性及成本限制提供解決方案。惠司敦電橋的橋接感測器用在高壓及低壓應用中，可以測量絕對壓力、錶示壓力或差壓。所有的橋接感測器都使用一個張力計和一個隔板，如圖 6.10 所示；當壓力變化導致隔板變形時，應變規就產生對應的電阻變化，可以用資料擷取 (DAQ) 系統測得。這些應變規換能器也有多種類型：黏式應變規、濺鍍應變規，以及半導體應變規。

黏式應變規 (bonded strain gauge) 壓力感測器是將一個金屬箔片應變規黏貼至欲測量張力的表面上。這些黏式箔片應變規 (BFSG) 成爲業界標準已經多年，而且繼續獲得使用，主因是它們對壓力變化擁有 1000 Hz 的快速反應時間。

濺鍍應變規 (sputtered strain gauge) 廠商在隔板上噴鍍一層玻璃，然後在換能器的隔板上加一具薄金屬應變規。濺鍍應變規感測器其實是在應變規元件、隔板、以及感測隔板之間形成一個分子黏層。這些儀器最適合在長期使用以及艱難的測量環境。

半導體壓力感測器利用半導體材料取代應變規構成電橋電路，同樣形成一個四片應變規的壓力感測器。這類設備通常使用半導體隔板，在於其上置放半導體應變規和溫度補償感測器。適當的訊號處理功能亦以整合電路的型態含括在內，在指定的範圍內提供與壓力成線性正比的 DC 電壓或電流。

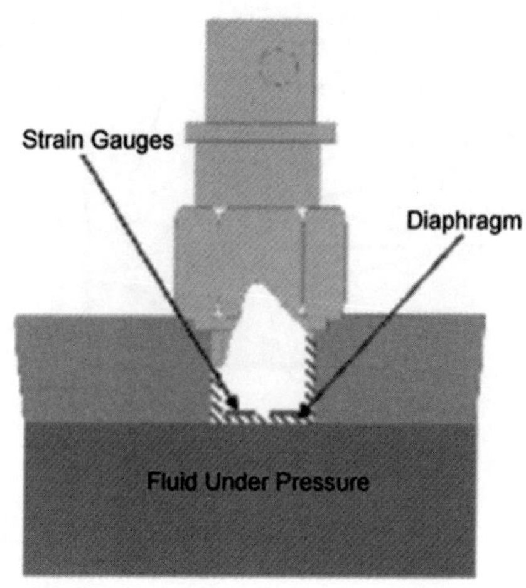

圖 6.10 標準的應變規壓力感測計示意圖

6-4-3 可變電容 (Variable Capacitor)

當待測壓力經通道導入施加於一個可動膜片上，膜片受壓時與固定電極板間產生相對位置變化，此舉亦使固定電極板內電容量隨之改變，故可藉由量測電容量變化而得到壓力值。可變電容壓力換能器如圖 6.11 所示；測量金屬隔板和固定金屬板之間的電容變化。這些壓力換能器通常非常穩定且呈線性，但是對於高溫非常敏感，也比大部份的壓力感測器難以設置。

6-4-4 壓電效應 (Piezoelectricity)

壓電效應是電介質材料中一種機械能與電能互換的現象。壓電效應有兩種，可分為正電效應及逆壓電效應，如圖 6.12 所示；當對壓電材料施以物理壓力時，材料體內之電偶極矩會因壓縮而變短，此時壓電材料為抵抗這變化會在材料相對的表面上產生等量正負電荷，以保持原狀。這種由於形變而產生電極化的現象稱為「正壓電效應」，實質上即是將機械能轉化為電能的過程。當在壓電材料表面施加電場 (電壓)，因電場作用時電偶極矩會被拉長，壓電材料為抵抗變化，會沿電場方向伸長。這種通過電場作用而產生機械形變的過程稱為「逆壓電效應」。逆壓電效應實質上是電能轉化為機械能的過程。

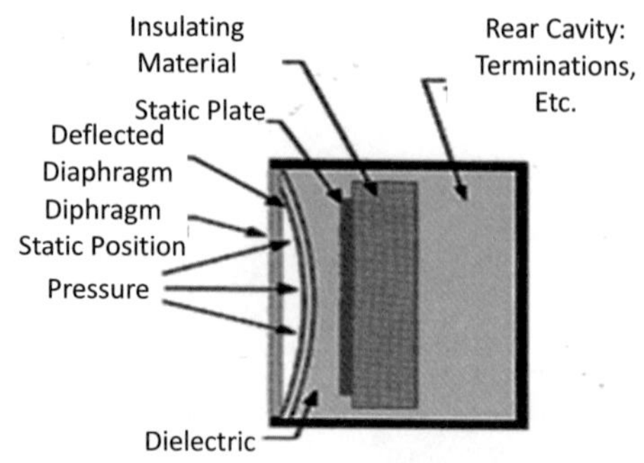

圖 6.11　電容壓力轉換器

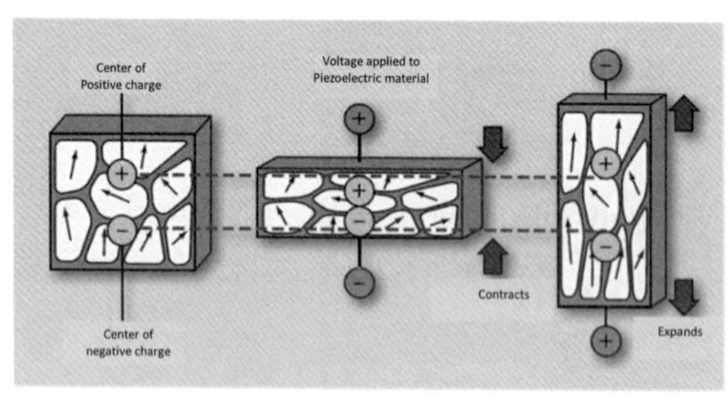

圖 6.12　壓電效應影響晶體材料的變化

壓電材料會有壓電效應是因晶格內原子間特殊排列方式，使得材料有應力場與電場耦合的效應。根據材料的種類，壓電材料可以分成壓電單晶體、壓電多晶體（壓電陶瓷）、壓電聚合物和壓電複合材料四種。

壓電壓力換能器，如圖 6.13 所示；利用自然產生之水晶（例如石英）的電子屬性。水晶在受到張力時，就會產生電流。壓電壓力感測器不需要外部激發源，而且非常堅固。但是這類感測器確實需要電荷放大電路，而且非常容易受到撞擊和震動影響。

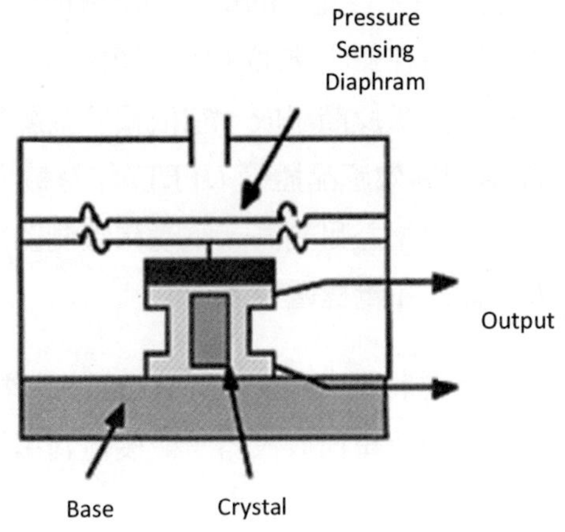

圖 6.13　壓電壓力轉換器

壓力測量應用程式常見的感測器失效原因之一是動態撞擊，導致感測器過載。使壓力感測器過載的典型範例是所謂的水錘現象(water hammer phenomenon)。這種現象發生在快速移動的液體，突然間被關閉的閥門所阻止之時，液體的衝力突然被壓制，導致限制液體的容器發生突然伸展的現象。這種伸展產生一道壓力突波，可能會破壞壓力感測器。為了減少水錘的影響，感測器多半在感測器和壓力線之間裝置一個減震器。減震器通常是一個網狀過濾器或燒結體 (sintered material)，允許加壓的液體通過，但是不允許大量液體通過，因此可以在發生水錘現象時預防壓力突波。減震器是在某些應用環境中保護感測器的必要選擇，但是在許多測試中，最高衝擊壓力正是要測量的對象，在這種情況下，你應該選擇未包含過載保護的壓力感測器。

6-4-5　壓力感測器

瑞士 KITLER 公司特別為壓鑄所開發的一款壓力感測器 (type 6175A2)，產品適用工作範圍於表 6-5 所示；壓力感測元件使用電技術所開發，適用於監控模腔內鑄造壓力的變化，系統如圖 6.14 示；採用目前應用最廣泛的石英 (非鐵電性的壓電單晶體)做為壓電材料，並含延長電纜及電荷放大器。

而電荷放大器則是將壓電元件產生的電荷輸出轉換成比例的電壓，用作分析系統的輸入變量，如需要可在類比-數位 (A/D) 轉換器中數字化。電荷放大器主要由一個高開環增益和電容負反饋組成，它依賴於金屬氧化物半導體場效應晶體管 (MOSFET) 或面結型場效應晶體管 (JFET) 作為輸入來獲得高絕緣電阻和泄漏電流最小化。如果開環增益足夠高，電纜和感測器電容可以忽略不計，輸出電壓隻由電荷放大器輸入和量程電容決定。

量測鑄造壓力的方法，是將壓力感測元件直接置入於模仁內如圖 6.15 示，再將延長電纜線延預設路徑連接電荷放大器，最後再利用資料擷取卡將數據儲存於電腦。

表 6-5　KITLER 石英-感測元件適用工作範圍 (type　6175A2)

Range	0 ~ 2000	bar
Overload	2500	bar
Sensitivity (at 250℃)	≈ -6,7	pC/bar
Linearity, all ranges	≦± 2	%FSO
Operating temperature range	0 ~ 300	℃
Connector	0 ~ 200	℃
Mold (sensor, cable)	0 ~300	℃
Melt (at the front of the sensor)	< 850	℃
Insulation resistanceat 20℃	≧ 1013	Ω
at 30℃	≧ 1011	Ω

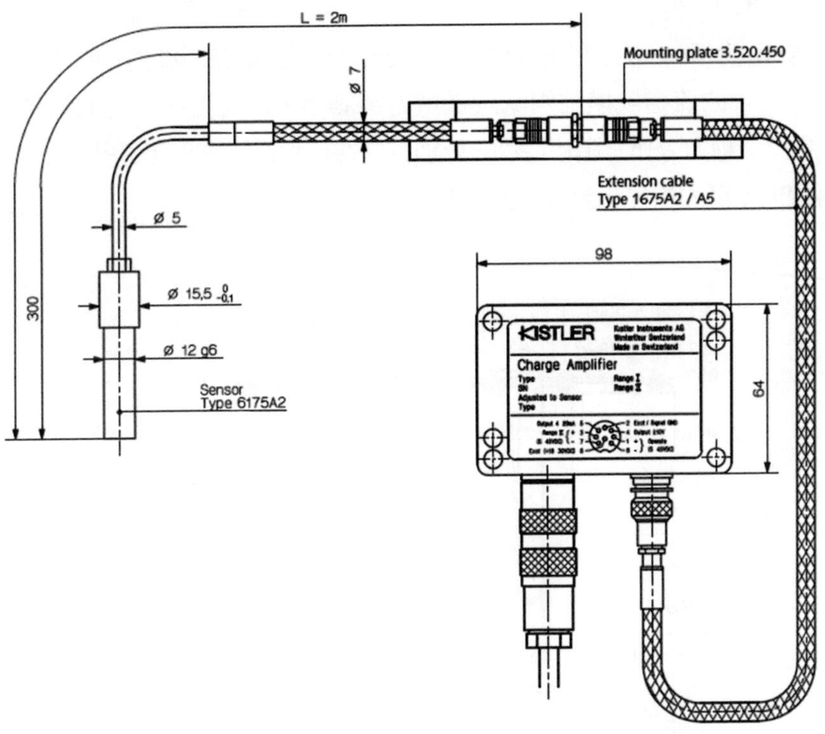

圖 6.14　KITLER 公司生產之壓力感測器 (type　6175A2)

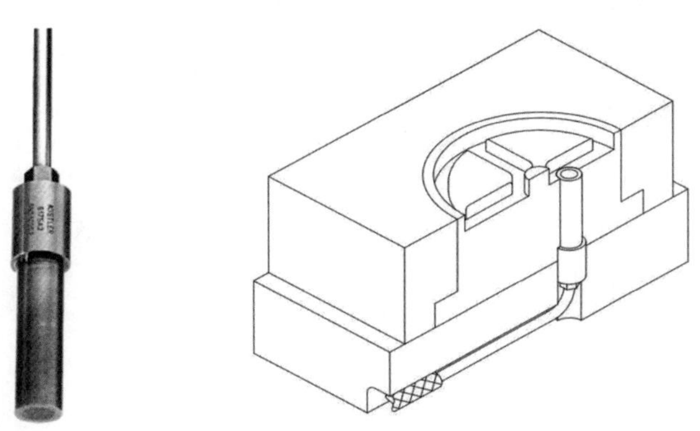

圖 6.15　壓力感測器設置位置

6-4-6 案例應用

K. K. S. Tong 等人利用 80 噸的熱式壓鑄機生產鎂合金的手機外殼，分別於壓鑄模具中的流道及模腔兩處設置壓力感測器，以監控成形時的鑄造壓力變化。將鑄造壓力分作三階段說明，分別有柱塞低速段、柱塞高速段及充填完成。壓鑄週期內壓力的變化整理於圖 6.16 所示。

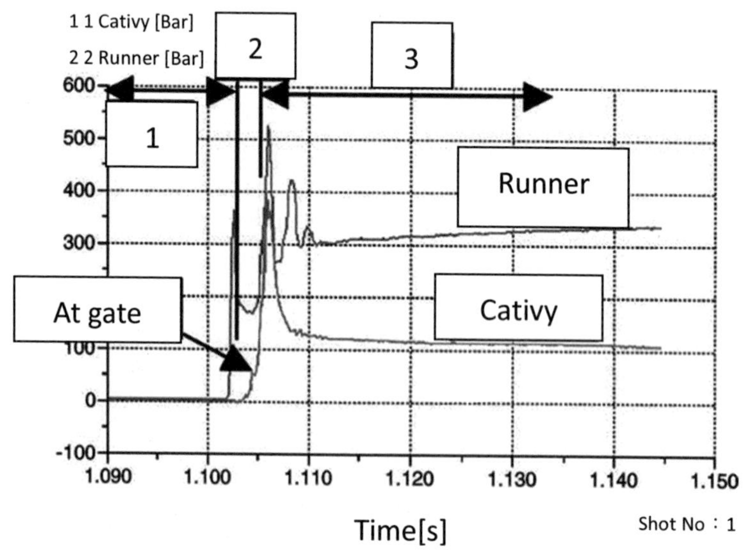

圖 6.16 典型熱室壓鑄製程中模腔與流道內壓力的變化

1. 柱塞低速段

熔湯流經流道至澆口。最初壓力幾乎為零，因流道造成的流動阻力影響較小。但熔湯流至澆口，受截面積縮小產生的浪壓現象，模具流道處的壓力即迅速上升。

2. 柱塞高速段

熔湯通過澆口充填模腔時，流道內的壓力獲得釋放。但高速充填模腔，導致模腔內的壓力迅速上升。

3. 充填完成

鑄件充填完成後，澆口會漸漸凝固，使得壓力無法傳遞進入模腔，使模具流道處的壓力又漸漸上升，但模腔內的壓力逐漸下降至約 110 bar ，此即為鑄件成形時的鑄造壓力。

鑄造壓力對鎂合金薄型鑄件壓鑄成形之影響，分別詳述於後；在熱室壓鑄過程中，當金屬熔湯經過噴嘴至澆口，流體遭遇流徑斷面積急速縮減，若無足夠的壓力驅使熔湯持續前進，將使熔湯凝固難以流動。本案例藉由圖 6.17~圖 6.20 分別說明；不同的鑄造壓力對於壓鑄件成形之影響。

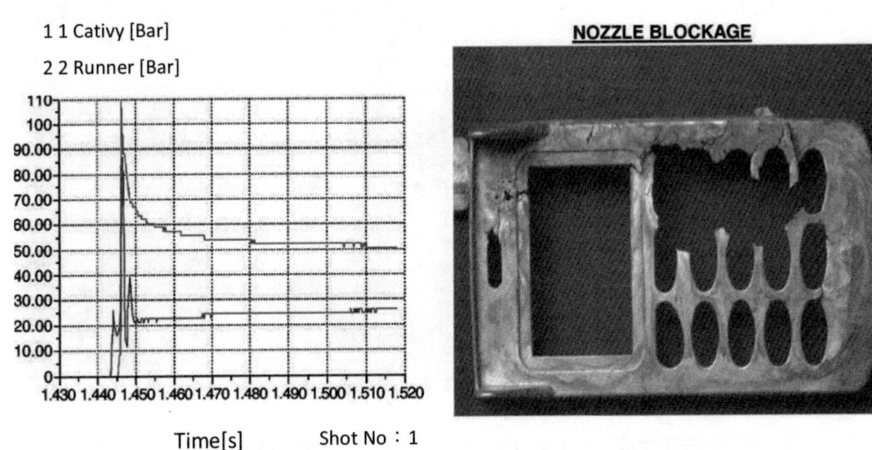

圖 6.17　當鑄造壓力約為 25 Bar 時，鑄件難以成形

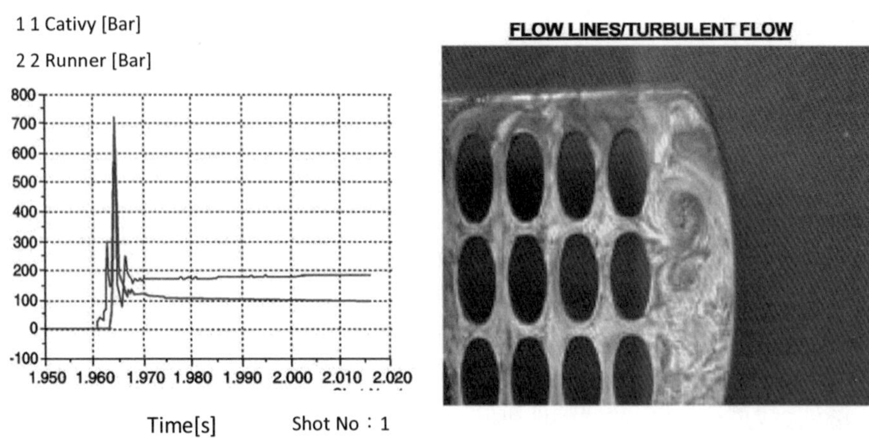

圖 6.18　當鑄造壓力約為 100 Bar 時，鑄件外觀流動性不佳衍生的流痕

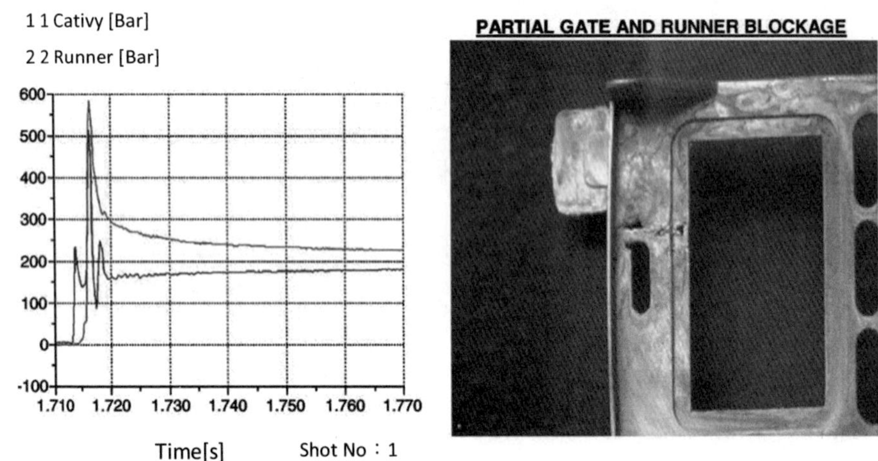

圖 6.19　當鑄造壓力約為 180 Bar，澆口處仍過早凝固，鑄件充填未完成

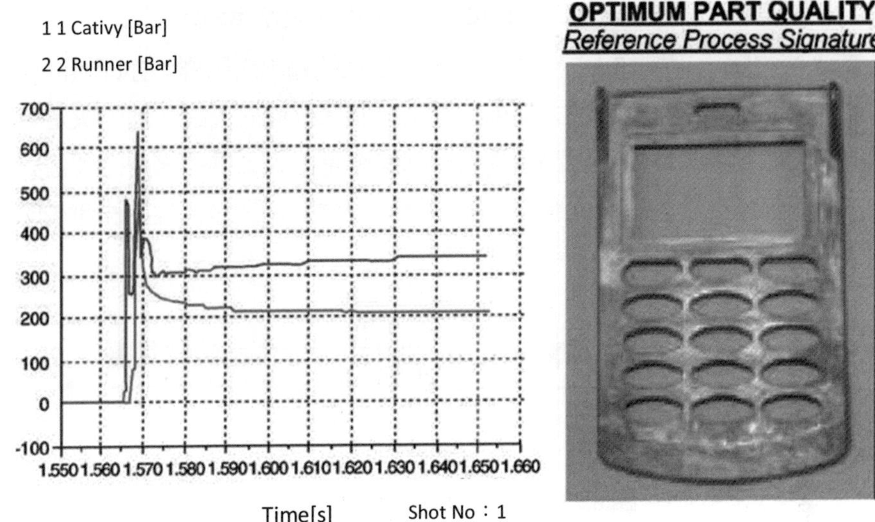

圖 6.20　當鑄造壓力約為 200 Bar，即可成形完整之鑄件

經由本章節的說明，瞭解鑄造壓力對於金屬熔湯的流動性，及金相組織有非常重要的影響，故若能以智慧型壓鑄模具生產，即可快速將製程參數設計最佳化，有效降低失敗機率。同時亦可量化鑄造成形的條件，對於監控製程及生產技術的傳承，有極大的正面效益。

6-5　回授控制系統

智慧型壓鑄模具所測得之「模具溫度」及「鑄造壓力」，即為調整製程參數的主要依據。此時還需求一組控制器來處理這些訊號，同時將測量的控制變數與設定值相比較而產生與偏差相對應的控制信號，以行使必要的修正動作，發揮人工智能控制。

控制系統中以回授理論與線性系統分析為核心基礎，並結合網路理論與通信的知識。而依系統是否有回授 (feedback) 之行為，亦即系統之輸出是否對控制動作有直接影響，主要可區分為以下兩大類：

6-5-1 開迴路控制系統 (Open-loop Control System)

此系統之輸入直接加入控制單元內，不受系統輸出之影響，亦即無回授系統之存在，此系統輸入與輸出之關係完全由控制單位與設備之特性所決定，在生活上的實例，如：洗衣機，因為洗衣時間完全是由人為操作來進行評估與判斷。一台真正全自動的洗衣機應具有連續檢查衣物是否洗淨，且於洗淨後能自動關閉其電源裝置。

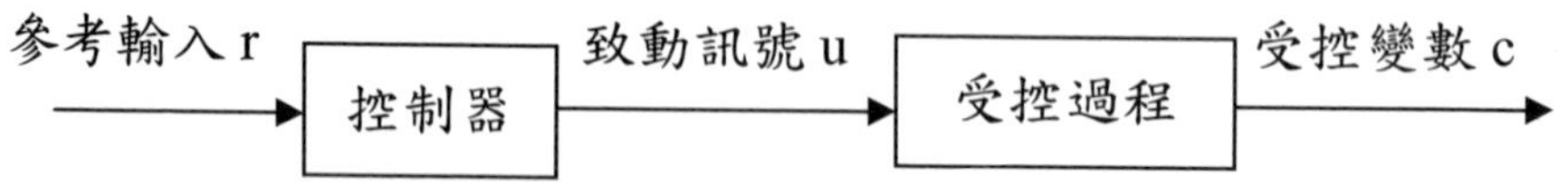

圖 6.21　開迴路控制系統之元件

開迴路系統通常分為兩部分：控制器 (controller) 及受控過程 (controlled process)，如圖 6.21 所示。當參考輸入 r (reference input) 進入控制器後，其輸出則為致動信號 u 受控過程，產生受控變數 c 根據設定之標準執行命令。而相對於閉迴路控制系統，開迴路具有以下之優缺點：

優點：

1. 價格較閉迴路便宜。
2. 結構簡單易於保養。
3. 不必考慮穩定性 (stability) 問題。
4. 若輸出不易測量時，較閉迴路方便。

缺點：

1. 會因外界干擾而使輸出偏離原先之期望值。
2. 輸出結果無法自行檢測，亦無法自行修正。
3. 欲維持輸出之正確性，需時常校準刻度。

6-5-2 閉迴路控制系統 (Closed-loop Control System)

若系統要獲得更準確的控制，將輸出訊號藉由量測元件檢測出，並回授至輸入端，利用實際輸出與所需輸出做比較，以修正輸入訊號，使系統達到設計之需求，此系統便稱之為閉迴路控制系統或回授系統 (feedback control system)，如圖 6.22 所示。相同的，相對於開迴路控制系統，閉迴路具有以下之優缺點：

優點：

1. 降低干擾對系統的影響，精準度可提高。
2. 增加頻寬 (bandwidth)、系統增益 (gain)、暫態響應與頻率響應。
3. 改善系統之穩定性。
4. 淡化非線性之不良效應。

缺點：

1. 價格較為昂貴。
2. 結構較複雜，不易保養。
3. 需考慮穩定性問題。

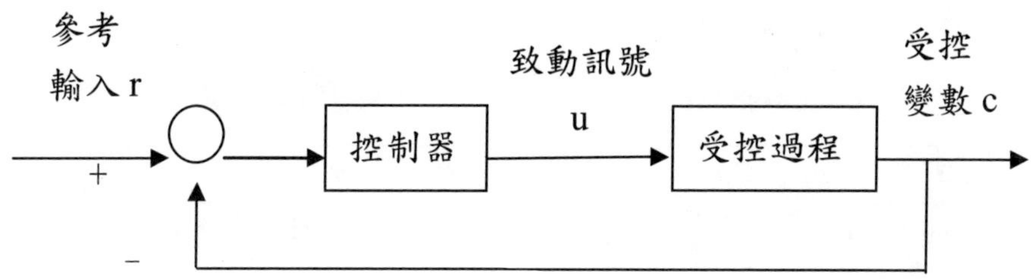

圖 6.22　閉迴路控制系統之元件

回授系統除了降低系統輸出與參考輸入間之誤差作用外，其亦影響系統之穩定性、頻寬、增益、阻抗 (impedance)、雜訊干擾及靈敏度 (sensitivity)等。而在回饋系統的種類上，大致可依線性與非線性，時變和非時變，類比與數位等加以分類之。

智慧型壓鑄模具的控制系統，即為閉迴路控制系統。將鑄件成形時量測所得之數據傳輸至控制器，回授調整受控設備的設定，以此回授控制達預期設定之目標。

6-6 智慧型壓鑄模具之未來展望

6-6-1 雲端技術之應用

現代的壓鑄機受惠於電腦技術的蓬勃發展，已自傳統機械式的控制，逐漸轉型成電腦自動控制。控制系統極富多元性，同時搭載觸控型界面，人員學習及操作極為簡便。而近年的網路普及化，大幅提升資訊傳輸的速度，同時造就雲端技術的發展，使用者可藉由網路從遠端電腦進行控制，甚至可將所有的鑄造資訊儲存於雲端電腦，再由專家系統來輔導製程條件的設定，系統架構如圖 6.23 所示；

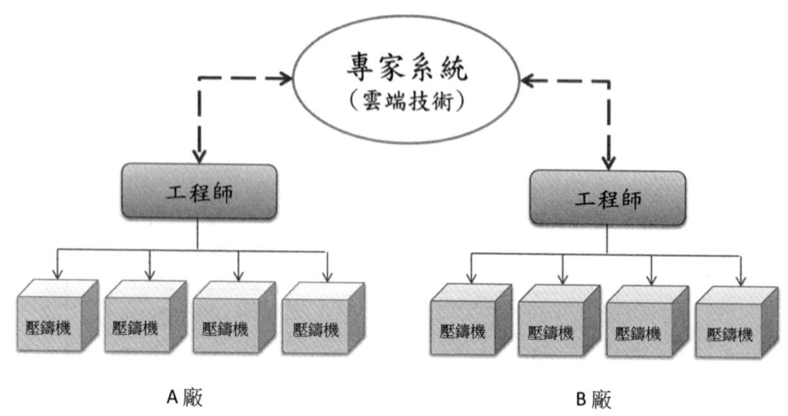

圖 6.23　壓鑄專家系統於雲端技術之應用

遠端控制極為便利，不僅可省下人員交通及資訊傳輸所耗費的時間，還能讓一位工程師同時監控全廠或跨廠區的壓鑄機生產狀況。但從雲端連結至專家系統，則還需提供完整的壓鑄生產資訊。如此，專家才能有足夠的資訊解決工程上的問題。而僅提供壓鑄機資訊是不夠完整的，還需包括材料資訊及模具資訊三大類，才能完整呈現鑄件成形的狀況。如圖 6.24 所示；而這當中的模具資訊，則為智慧型壓鑄模具所提供的資訊，如此才能確實掌握壓鑄成形時的各項條件，便於專家系統診斷製程的設定。

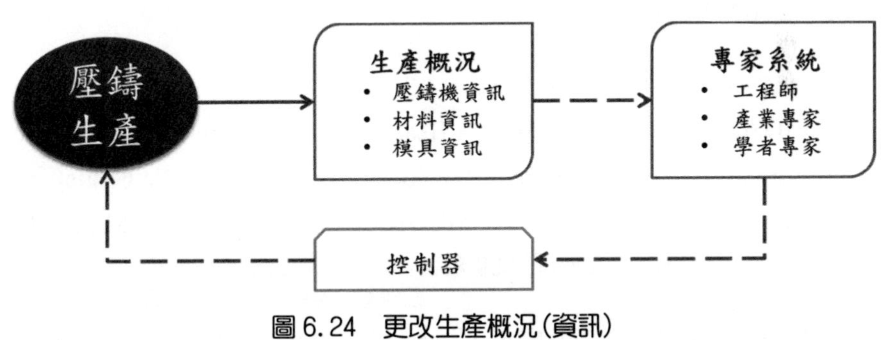

圖 6.24　更改生產概況(資訊)

參考文獻

1. K.K.S. Tong, B.H. Hu, X.P. Niu, I. Pinwill. "Cavity pressure measurements and process monitoring for magnesium die casting of a thin-wall hand-phone component to improve quality". Journal of Materials Processing Technology 127: 238–241, 2002.

2. G. Dour, M. Dargusch, C. Davidson, A. Nef. "Development of a non-intrusive heat transfer coefficient gauge and its application to high pressure die casting Effect of the process parameters". Journal of Materials Processing Technology 169: 223-233, 2005.

3. A. HAMASAIID, G. DOUR, M.S. DARGUSCH, T. LOULOU, C. DAVIDSON and G. SAVAGE. "Heat-Transfer Coefficient and In-Cavity Pressure at the Casting-Die Interface during High-Pressure Die Casting of the Magnesium Alloy AZ91D". METALLURGICAL AND MATERIALS TRANSACTIONS A, 39(A):2008-853.

4. M.R. Ghomashchi, A. Vikhrov. "Squeeze casting: an overview". Journal of Materials Processing Technology 101: 1-9, 2000.

5. 莊水旺，鋁合金壓鑄模具界面性質之實驗研究，中國機械工程學會第二十一屆全國學術研討會論文集，2004。

附錄

JIS、DIN、ASTM 規範常用之壓鑄鋁合金名稱

合金系列	國別	合金牌號	重量百分比%				
			Si	Cu	Mg	Fe	Al
Al-Si 系	日本	ADC1	11.0-13.0	< 1.0	< 0.30	< 1.2	餘量
	美國	413	11.0-13.0	< 1.0	< 0.35	< 2.0	
	德國	AlSil2	11.0-13.5	< 0.10	< 0.05	< 1.0	
Al-Si-Mg 系	日本	ADC3	9.0-10.0	< 0.60	0.40-0.60	< 1.3	餘量
	美國	360	9.0-10.0	< 0.60	0.40-0.60	< 2.0	
	德國	AlSil0Mg	9.0-11.0	< 0.10	0.20-0.50	< 1.0	
Al-Si-Cu 系	日本	ADC10	7.5-9.5	2.0-4.0	< 0.30	< 1.3	餘量
		ADC12	9.6-12.0	1.5-3.5	< 0.30	< 1.3	
	美國	380	7.5-9.5	3.0-4.0	< 0.10	< 1.3	
		383	9.5-11.5	2.0-3.0	< 0.10	< 1.3	
	德國	AlSi8Cu3	7.5-9.5	2.0-3.5	< 0.30	< 1.3	
Al-Mg 系	日本	ADC5	< 0.30	< 0.20	4.0-8.5	< 1.8	餘量
	美國	518	< 0.35	< 0.25	7.5-8.5	< 1.8	
	德國	AlMg9	< 0.50	< 0.05	7.0-10.0	< 1.0	

(註： 日本合金牌號 ADC1、ADC3、ADC10、ADC12、ADC5 遵循 JIS H5302-82 規範。美國合金牌號 413、360、380、383、518 遵循 ASTM B85-82 規範。德國合金牌號 AlSil2、AlSil0Mg、AlSi8Cu3、Al Mg9 遵循 DIN 1725 規範。)

JIS、DIN、ASTM 規範之工具鋼名稱與成分對照表

合金工具鋼材		
JIS	AISI ASTM	DIN VDEh
SKS 11	F2	--
SKS2	--	105WCr6
SKS21	--	--
SKS 5	--	--
SKS51	L6	--
SKS 7	--	--
SKS 8	--	--
SKS 4	--	--
SKS41	--	--
SKS43	W2-9 1/2	--
SKS44	W2-8	--
SKS 3	--	--
SKS31	--	105WCr6
SKS93	--	--
SKS94	--	--
SKS95	--	--
SKD 1	D3	X210Cr12
SKD11	D2	--
SKD12	A2	--
SKD 4	--	--
SKD 5	H21	--
SKD 6	H11	X38CrMoV51
SKD61	H13	X40CrMoV51
SKD62	H12	--

硬度對照表

勃氏硬度 HB	洛氏硬度 HR				维氏硬度 HV	蕭氏硬度 HS	抗拉强度
3000kg	A 刻度 60kg 壓錐	B 刻度 100kg 1/16"球	C 刻度 150kg 壓錐	D 刻度 100kg 壓錐	50kg	--	(kg/mm^2)
--	85.6	--	68.0	76.9	940	97	--
--	85.3	--	67.5	76.5	920	96	--
--	85.0	--	67.0	76.5	900	95	--
767	84.7	--	66.4	75.7	880	93	--
757	84.4	--	65.9	75.3	860	92	--
745	84.1	--	65.3	74.8	840	91	--
733	83.8	--	64.7	74.3	820	90	--
722	83.4	--	64.0	73.8	800	88	--
712	-	--	--	--	--	--	--
710	83.0	--	63.3	73.3	780	87	--
698	82.6	--	62.5	72.6	760	86	--
684	82.2	--	61.8	72.1	740	--	--
682	82.2	--	61.7	72.0	737	84	--
670	81.8	--	61.0	71.5	720	83	--
656	81.3	--	60.1	70.8	700	--	--
653	81.2	--	60.0	70.7	697	81	--
647	81.1	--	59.7	70.5	690	--	--
638	80.8	--	59.2	70.7	680	80	--

勃氏硬度 HB	洛氏硬度 HR				維氏硬度 HV	蕭氏硬度 HS	抗拉強度
3000kg	A 刻度 60kg 壓錐	B 刻度 100kg 1/16"球	C 刻度 150kg 壓錐	D 刻度 100kg 壓錐	50kg	--	(kg/mm^2)
630	80.6	--	58.8	69.8	670	--	--
627	80.5	--	58.7	69.7	667	79	--
601	79.8	--	57.3	68.7	640	77	--
578	79.1	--	56.0	67.7	615	75	--
555	78.4	--	54.7	66.7	591	73	210
534	77.8	--	53.5	65.8	569	71	202
514	76.9	--	52.1	64.7	547	70	193
495	76.3	--	51.0	63.8	528	68	186
477	75.6	--	49.6	62.7	508	66	177
461	74.9	--	48.5	61.7	491	65	170
444	74.2	--	47.1	60.8	472	63	162
429	73.4	--	45.7	59.7	455	61	154
415	72.8	--	44.5	58.8	440	59	149
401	72.0	--	43.1	57.8	425	58	142
388	71.4	--	41.8	56.8	410	56	136
375	70.6	--	40.4	55.7	396	54	129
363	70.0	--	39.1	54.6	383	52	124
352	69.3	(110.0)	37.9	53.8	372	51	120
341	68.7	(109.0)	36.6	52.8	360	50	115

勃氏硬度 HB	洛氏硬度 HR				維氏硬度 HV	蕭氏硬度 HS	抗拉強度
3000kg	A 刻度 60kg 壓錐	B 刻度 100kg 1/16"球	C 刻度 150kg 壓錐	D 刻度 100kg 壓錐	50kg	--	(kg/mm^2)
331	68.1	(108.5)	35.5	51.9	350	48	112
321	67.5	(108.0)	34.3	51.0	339	47	108
311	66.9	(107.5)	33.1	50.0	328	46	105
302	66.3	(107.0)	32.1	51.0	319	45	103
293	65.7	(106.0)	30.9	50.0	309	43	99
285	65.3	(105.5)	29.9	49.3	301	--	97
277	64.6	(104.5)	28.8	48.3	292	41	94
269	64.1	(104.0)	27.6	47.6	284	40	91
262	63.6	(103.0)	26.6	46.7	276	39	89
255	63.0	(102.0)	25.4	45.9	269	38	86
248	62.5	(101.0)	24.2	45.0	261	37	84
241	61.8	100.0	22.8	44.2	253	36	82
235	61.4	99.0	21.7	43.2	247	35	80
229	60.8	98.2	20.5	42.0	241	34	78
223	--	97.6	(18.8)	41.4	234	--	--
217	--	96.4	(17.5)	40.5	228	33	74
212	--	95.5	(16.0)	--	222	--	72
207	--	94.6	(15.2)	--	218	32	70
201	--	93.8	(13.8)	--	212	31	69
197	--	92.8	(12.7)	--	207	30	67

勃氏硬度 HB	洛氏硬度 HR				維氏硬度 HV	蕭氏硬度 HS	抗拉強度
3000kg	A 刻度 60kg 壓錐	B 刻度 100kg 1/16"球	C 刻度 150kg 壓錐	D 刻度 100kg 壓錐	50kg	--	(kg/mm^2)
192	--	91.9	(11.5)	--	202	29	65
187	--	90.7	(10.0)	--	196	--	63
183	--	90.0	(9.0)	--	192	28	63
179	--	89.0	(8.0)	--	188	27	61
174	--	87.8	(6.4)	--	182	--	60
170	--	86.8	(5.4)	--	178	26	58
167	--	86.0	(4.4)	--	175	--	57
163	--	85.0	(3.3)	--	171	25	56
156	--	82.9	(0.9)	--	163	--	53
149	--	80.8	--	--	156	23	51
143	--	78.7	--	--	150	22	50
137	--	76.4	--	--	143	21	47
131	--	74.0	--	--	137	--	46
126	--	72.0	--	--	132	20	44
121	--	69.8	--	--	127	19	42
116	--	67.6	--	--	122	18	41
111	--	65.7	--	--	117	15	39

索 引

推薦閱讀

電腦輔助設計與工具機實例（附光碟）
omputer Aided Design-with Examples on Machine Tool Design

王松浩　陳維仁　劉風源著

書號5F58　　定價480元

本教材在規劃與編排上皆異於坊間其他教材，使用之範例皆為關鍵機構：工具機中銑床主軸箱之零組件，在3D零件設計階段所繪之圖為銑床的零件，零件圖做好後便能以這些成品完成整個系統的組合體。本書從零件到組合一氣呵成，完成以後即可見到自己設計之所有的零件，次組立及總組合，使讀者對設計更有整體感和成就感。

每個操作步驟按順序搭配彩色圖片具體實現，不僅適合想學好電腦輔助設計的大學機械相關領域的學生，同時對於想進一步瞭解工具機內部構造的在職人士更有明顯的助益。本教材亦獲得教育部產業先進人才培育計劃2012年優良教材評選佳作獎。

電腦輔助沖壓模具設計
omputer Aided Stamping Die Design

林栢林　郭峻志　著

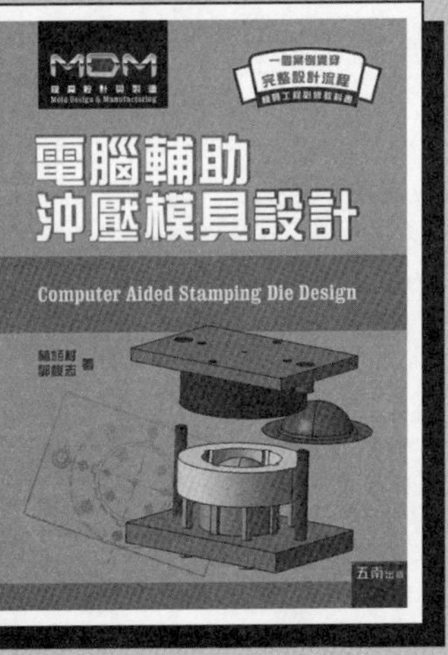

書號5F59　　定價450元

本書籍主要是以實務經驗為基礎，從作業需求的角度編著。特色包含：1.範例採用業界實際案例：以金屬燈殼實例，結合3D CATIA軟體，設計沖壓模具。2.呈現真實設計作業：依據設計準則與規範，選用/計算零件材料、位置及尺寸值，與操作電腦輔助繪圖。3.一個案例貫穿完整設計流程，全書採用全彩印刷，使每個操作步驟按順序搭配彩色圖片具體實現，讓讀者將抽象觀念實體化。本書可做為在學學生學習沖壓模具設計實務的教科書，亦可做為業界沖壓模具設計工程師在職進修參考書。

電子學實驗
Learning Electronics Through Experiments

謝太炯　著

每一實驗單元都包含：實驗原理「說明」、「操作項目」「重點整理」、「討論及問題」。另外依序介紹PSpice模擬，包電子元件的特性分析，類比及數位電路的模擬，目的是藉由PSpi模擬，學習使用電路分析的軟體。

本書內容的安排採用循序漸進的方式，讓讀者可藉由「電子驗」，逐步學習電子學相關的基礎知識。在一些章節也加入一般電學教科書少見到的題材，使本書內容更豐富多元。本書所述及的電及實驗方法目前皆已試用於教學實務，非常適合修習大學專科電子課程學生及從事相關實務之人士閱讀使用。

書號5DG6　　定價320元

LED螢光粉技術
The Fundamentals, Characterizations and Applications of LED Phosphor

劉偉仁 主編／劉偉仁　姚中業　黃健豪　鍾淑茹　金風　著

主要針對LED螢光材料，包含發光原理、製備方法、LED封裝光譜分析，乃至於最近非常熱門的螢光玻璃陶瓷技術以及量子點技進行一系列的介紹。全書彩色印刷，並附有豐富習題與詳解，供讀掌握要點練習與測驗。

本書內容適合大專或以上程度、具有理工科系背景之讀者閱讀也適合當做目前從事LED相關產業的工程師，以及大專院校在LED關專業領域如光電、物理、材料、化學、化工或電子電機等工程科學生之教科書，希望藉由此書協助國內大專院校的學生進入LED發材料的研究殿堂。

書號5DH3　　定價780元

LED：夢幻顯示器 Materials and Devices-OLED 材料與元件
ED: Materials and Devices of Dream Displays

金鑫　黃孝文　著

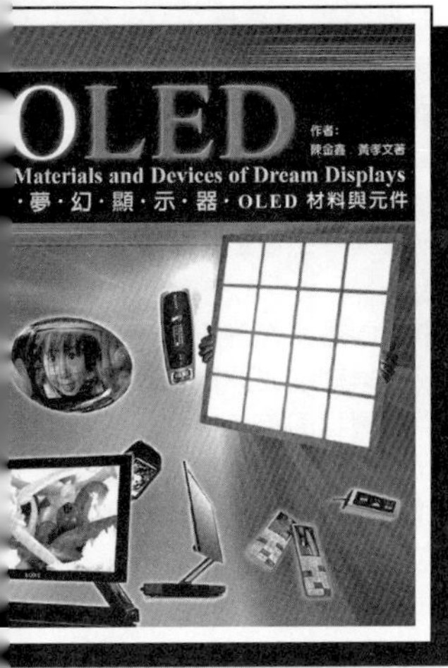

號5DA1　　定價720元

台灣 OLED 顯示科技的發展，從零到幾乎與世界各國並駕齊驅的規模與氣勢，可說是台灣光電產業中極為亮麗的「奇蹟」，這股OLED 的研發熱潮幾乎無人可擋，從萌芽、生根而茁壯，台灣現在已堂堂擠入世界「第一」之列。

本書可分為五個單元，分別為技術介紹、基礎知識、小分子材料、元件與面板製程等。為了達到報導最新資訊的目的，在這新版中我們加入了近二年國際資訊顯示年會（SID）及相關期刊文獻的論文，及添加了幾乎所有新興OLED材料與元件的進展，包括新穎材料的發明，元件構造的改良，發光效率與功率的提昇，操作壽命的增長，高生產量的製程，還有高效率白光元件（WOLED），雷射RGB轉印技術（LITI,RIST及LIPS）及未來的主動（AM）可撓曲式面 板等。書中各章新增的參考文獻大約有一百多篇及超過 50張 新的圖表。作者都用深入淺出的教學方法、「系統化」的整理、明確的詮釋、生動的講解呈現給大家。

光電科技與生活（附光碟）
hotoelectric Science and Life

宸生　著

號5D93　　定價540元

本書包含了光電科技技術之基本原理架構、 發展應用及趨勢，內容採用淺顯易懂的表現方式，涵蓋了六大類光電產業範圍：

「光電元件、光電顯示器、光輸出入、光儲存、光通訊、雷射及其他光電」，這些光電科技，都與我們日常生活息息相關。書中也強調一些生活中的簡易光電實驗，共分為兩大部分，分別為「一支雷射光筆可以作哪些光電實驗」與「結合電腦與光電的有趣實驗」，包含了「光的繞射觀察」、「光的散射與折射」、「光的透鏡成像與焦散」、「光的偏振」、「雷射光的直線性」、「光的干涉」、「照他的形象」、「奇妙的條紋」、「針孔相機」等相關光電科技實驗。

您將發現光電科技早已融入我們日常生活中，本書則是讓您從日常生活中去體會光電科技。

光子晶體－從蝴蝶翅膀到奈米光子學（附光碟）
Photonic Crystals

欒丕綱　陳啓昌　著

光子晶體就是人工製造的週期性介電質結構。1987年，兩
來自不同國家的科學家Eli Yablonovitch與Sajeev John不約而
地在理論上發現電磁波在週期性的介電質中的傳播模態具有頻帶
構。當某一電磁波的頻率恰巧落在光子晶體的禁制帶時，它將無法
透光子晶體。

利用此一特性，各種反射器、波導與共振腔的設計紛紛被提出
成為有效操控電磁波行為的新手段。

光子晶體的實作是由在均勻介電質中週期性的挖洞，或是將介
質柱或介電質小球做週期性排列而成。早期的光子晶體結構較大，
工作頻率落在微波頻段。近年由於奈米製程的進步，使得工作頻率
在可見光區的各種光子晶體結構得以具體地實現，並成為奈米光學
究中最熱門的課題之一。本書詳細介紹光子晶體的理論、製作，以
應用，使讀者能從物理觀點到工程之面向都有深入的認識，為光子
體相關課題研究（如：波導、LED、Laser等 ）必備之參考書籍。

書號5D67　　定價720元

光學設計達人必修的九堂課（附光碟）
DESIGN NINE COMPULSORY LESSONS OF THE PAST MASTER INF POTICS

黃忠偉　陳怡永　楊才賢　林宗彥　著

本書主要是為了讓每一位對於光學領域有興趣的使用者，能
過圖形化介面(Graphical User Interface, GUI)的光學模擬
體，進行一系列光學模擬設計與圖表分析。

本書主要分為三個部分：第一部份「入門範例操作說明」，經
翻譯FRED原廠（Photon Engineering LLC.）提供的Tutorial
學手冊，由淺入深幫助使用者快速掌握「軟體功能」，即使是沒有
用過光學軟體的初學者，也能輕鬆的上手；第二部份「應用實例」
內容涵蓋原廠所提供的三個案例，也是目前業界實際運用的案例，
用者可輕易的了解業界是如何應用模擬軟體來進行光學設計；第三
份「主題應用白皮書」，取材自原廠對外發佈的白皮書內容，使用
可了解 FRED 的最新功能及可應用的光學領域。

書號5DA6　　定價650元

光電系統與應用
he Application of Electro-optical Systems

宸生　策劃
奇鋒　林宸生　張文陽　王永成　陳進益　李昆益　陳坤煌　李孝貽　編著

本書為教育部顧問室「半導體與光電產業先進設備人才培育計畫」之成果，包含了光電系統之基本原理、架構與發展、應用及趨勢，各章節主題條列如下：第一章太陽能與光電半導體基礎理論、第二章半導體概念與能帶、第三章光電半導體元件種類、第四章位置編碼器、第五章雷射干涉儀、第六章感測元件（光電、溫度、磁性、速度）、第七章光學影像系統元件、第八章太陽電池元件的原理與應用（矽晶太陽電池，化合物太陽電池，染料及有機太陽電池）、第九章材料科技在太陽光電的應用發展、第十章LED原理及驅動電路設計、第十一章散熱設計及電路規劃、第十二章LED照明燈具應用；各章節內容分明，清楚完整。

本書可作為大專院校專業課程教材，適用於光電、電子、電機、機械、材料、化工等理工科系之教科書，同時亦適合一般想瞭解光電知識的大衆閱讀。同時可提供企業中現職從事策略管理、或是新事業開發、業務、行銷、研究、企劃等人員作為參考，或給有興趣學習與研究的學生深入理解與認識光電科技。

號5DF9　　定價420元

光機電產業設備系統設計

朱育　劉建聖　利定東　洪基彬　蔡裕祥　黃衍任　王雍行　林央正　胡平浩
炫璋　楊鈞杰　莊傳勝　林敬智　著

我國半導體光電產業經過二十餘年來的發展，已經形成完整的供應鏈體系。在這半導體光電產業鏈中，製程設備與檢測設備是最關鍵的一環。這些設備的性能，關係著生產的成本及品質。「設備本土化」將是臺灣半導體製程設備相關產業發展的重要根基。這也提醒了我們，提高產業的設備自製率、掌控關鍵技術與專利，才能有效降低生產成本，提高國家競爭力。

本書內容可分為兩部份，第一部份是由第一章至第六章所組成的基本技術原理介紹，內容包括各種光機電元件的介紹，電氣致動、氣壓致動、各式感應元件與光學影像系統的選配等。第二部份則是由第七章至第十章所組成的光機電實體機台與系統應用，內容包括雷射自動聚焦應用設備，觸控面板圖案蝕刻設備，LED燈具量測系統與積層製造設備等。

號5F61　　定價520元

LED 工程師基礎概念與應用
Fundamental and Applications of LED Engineers

中華民國光電學會　編著

節能與環保已是全人類的共識，這使得LED逐漸的在取代鎢燈泡及各類螢光燈，成為新照明的光源。因此LED燈源及其相關品已成為一項新興產業，預期產業界將需要大量與LED照明相關工程師。有鑑於此，經濟部工業局委託工研院產業學院與中華民國電學會，擬定LED工程師能力鑑定制度，並辦理LED工程師基礎力鑑定及LED照明工程師能力鑑定，期望我國的LED產業能領先世界。

書號5DF2　　定價380元

LED 元件與產業概況
Deevices & Introductory Industry of Light-Emitting Diode

陳隆建　編著

現今科技進步帶動LED應用更為多元，從傳統的顯示訊號燈展、至隨處可見的一般室內照明，路燈照明，商業工業應用照明等以節能減碳為前提下，尋找高效率光源一直都是各國努力之目標。到LED光源的出現，大量地取代過去發光效率較低的傳統光源，確實運用在各式各樣的產業。LED發光效率提升，製造成本與LED具價格下滑，使得LED應用於照明對消費者而言不再是高不可攀一項選擇。

本書著重於LED的製作和產業發展環境介紹，儘量避免提及深理論，並由LED產業概況、光電半導體元件、LED照明產品設計應用及產品發展趨勢作通盤解析，使讀者能從中掌握產業動向。各元文末皆附LED工程師鑑定考題，讓讀者從中順利掌握命題趨勢。

書號5DF6　　定價480元

國家圖書館出版品預行編目資料

智慧型壓鑄模具生產技術／莊水旺著. 一 初版. 一 臺北市：五南, 2013.12
面； 公分.
ISBN 978-957-11-7441-9（平裝）

1.金屬鑄造 2.鑄模

472.2 102023942

5DH6

智慧型壓鑄模具生產技術

Fabrication Technology of Intelligent Die Casting Molds

作 者— 莊水旺

發 行 人— 楊榮川
總 編 輯— 王翠華
主 編— 王者香
封面設計— 小小設計有限公司
出 版 者— 五南圖書出版股份有限公司
地 址：106台北市大安區和平東路二段339號4樓
電 話：(02)2705-5066 傳 真：(02)2706-6100
網 址：http://www.wunan.com.tw
電子郵件：wunan@wunan.com.tw
劃撥帳號：01068953
戶 名：五南圖書出版股份有限公司

法律顧問 林勝安律師事務所 林勝安律師

出版日期 2013年12月初版一刷
2017年 2 月初版二刷
定 價 新臺幣360元

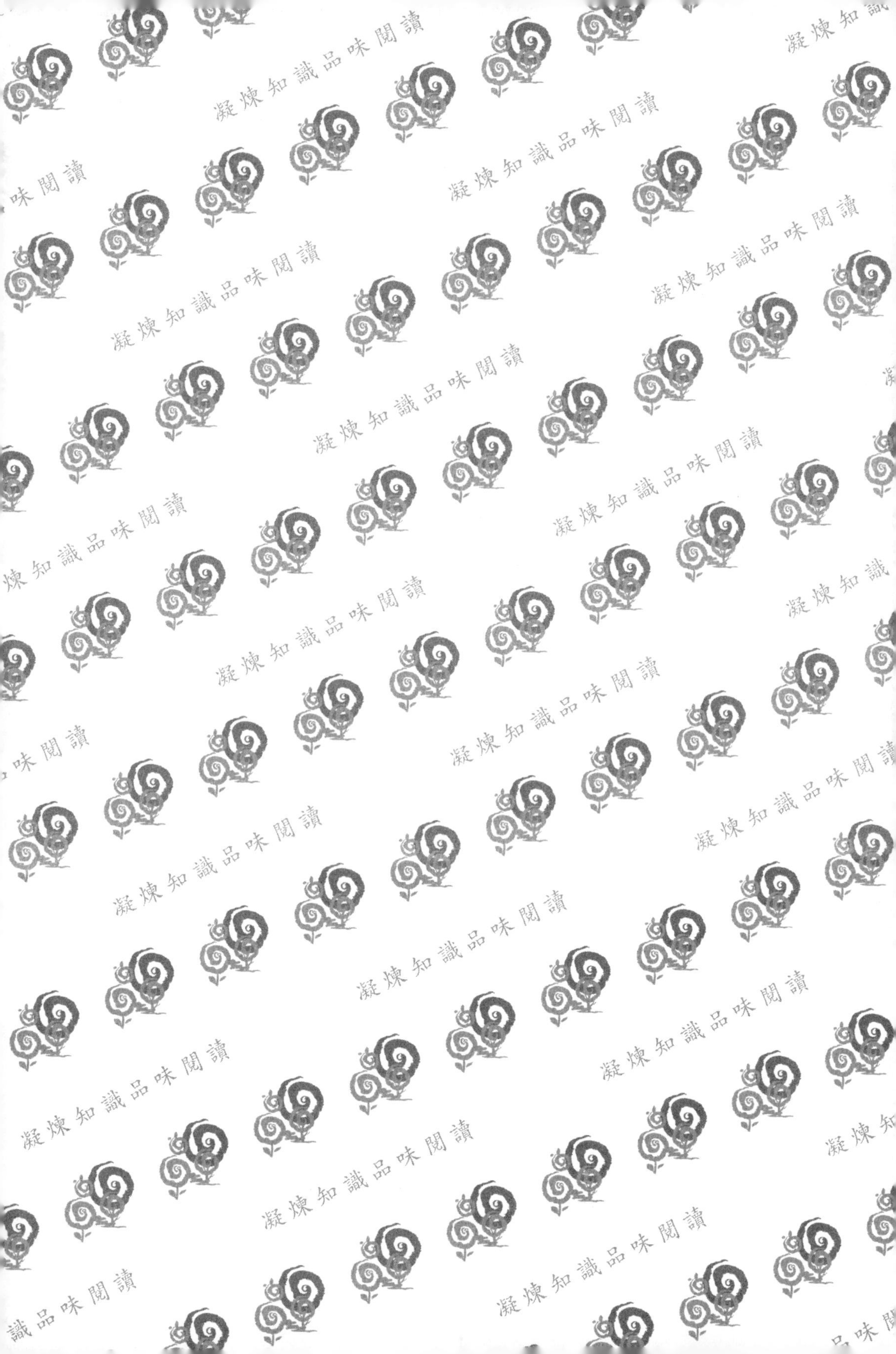
凝煉知識品味閱讀